茶之书

[日] 冈仓天心 著

柴建华 译

The Book of Tea

重庆大学出版社

Contents 目 录

001
第一章　人情隐于碗

021
第二章　茶之诸流派

041
第三章　道家与禅宗

057
第四章　茶室

077
第五章　艺术鉴赏

093
第六章　花

115
第七章　茶道大师

人情隐于碗

茶，最早是作为药用①，之后才渐成为饮品。8世纪的盛唐，茶以其高尚雅致的士大夫情致而走进诗歌领域。15世纪的日本，则把饮茶尊崇为一种唯美的信仰——茶道。即便是凡尘中的庸碌俗务，也潜藏着美，而对这种美的崇拜，就是茶道勃兴的缘起。孕育于纯粹中的和谐，人与人之间礼敬互爱的微妙交流，遵循社会规范的仪容举止，以及由此生成的浪漫情怀等，皆源于茶道的谆谆教诲。茶道的本质就是对"残缺美"的崇拜，是我们在不可能完美的生命中，寻求某种完美可能的温柔尝试。

唯美不是茶的哲学的全部，更有伦理和信仰蕴含其间，从而完整地表达出对天人关系的认知。它讲究卫生，清洁无尘；它追求质朴中的闲适自在，不事铺张；它澄清人的感知，界定了我们在宇宙万物中的坐标。无论贵贱，所有的茶道信徒都是品位上的精神贵族，这正是东方民主精神的真正体现。

① 中国有神农尝百草的传说。神农氏尝百草多次中毒幸有茶解毒。

自古以来日本便孤悬海外，故重视精神内省，有助于茶道的发展。日本人的家居习俗、服饰饮食、陶瓷、绘画，乃至日本文学，无一不受茶道之影响。任何研究日本文化之人，都会体察到茶道影响力的无所不在。茶道的精神，既高居贵妇之典雅深闺，也栖身平民之茅舍陋室。它让农夫通晓花艺，也使地位卑微的工人懂得山水造景。在日本人的观念里，若有人无法领会亦庄亦谐、祸福相依的人生意味，会被认为是"无有茶气"。反之，对人世间的疾苦视若无睹，恣意妄为、放浪形骸者，便被称为"茶气过盛"。

　　这种无中生有大概会让旁观者感到不可思议——小小的茶碗中会有何波澜？然则细细思之，人生的欢愉如碗一般微小，以至于泪水会轻易满溢，而我们的无穷渴求又会在不经意间将其吸干。只此一念，我们便不必自责于在茶碗上大做文章了。更何况，人们对酒神过度献祭膜拜，还对满身血污的战神粉饰美化。如此，我们为何不献身于茶的女神，在她的祭坛里流淌出的温情暖流中怡然而乐呢？在象牙瓷碗盛装的液体琥珀中，品茗者可以寻得孔子怡人的静默谦和、老子的奇趣机锋，以及释迦牟尼出世的芬芳。

　　不能在不凡的自身上发现渺小者，便不能识得他人平凡中的伟大。在志得意满的西方人眼中，茶道只是东方诡异而幼稚的天方夜谭。当日本人沉浸在优雅平和的艺术中时，西方人却视之为野蛮之邦；当日本在战场上荼毒无辜生灵时，西方人却又把日本划归为文明国家。近来，武士道——这个让武士们勇于牺牲的"死亡艺术"，引发了西方人的大量评论。然而，却鲜见有评论茶道这一生活艺术的。如果所谓的文明是基于战争所造成的血污凶光，那么我甘愿永远野蛮，我们愿意一直等待，等待着有朝一日艺术和信念得到应有的尊敬。

何时西方才能够、才愿意去理解东方呢？西方人编织于亚洲人身上的那些怪异想象时常让我们感到震惊，我们要么以荫香为生，要么就被想象成咥食鼠蟑之人；我们不是狂热迷信于宗教而不知觉醒，就是沉迷于享乐而不思进取。印度的灵修被讽为无知，中国的中庸被嘲为愚昧，日本的爱国主义更被视为宿命论，他们甚至还认为亚洲人的神经知觉迟钝，缺少痛感。

西方诸君视我辈为笑料，我们亚洲人也当以"礼"还之。可知在我们的故事和想象中，你们又是何等模样？徒增笑料！你们沉迷于遥远的未知，崇敬不可思议的事物，同时对未知领域暗藏敌意；你们的德行过于高尚，我们恕难企及；你们的罪孽又过于匪夷所思，我们难于追究。敝国古时有智者曾说："诸君有毛尾藏于衣中，且常烹婴孩为食！"不，最糟糕的是，我们认为诸君为世上最虚伪之人——光说不练，从未对你们所宣扬的教义身体力行！

如今，这类误解在东方迅速消失。基于贸易需要，欧洲各国的语言在东方许多港口通行。亚洲的青年学生云集西方大学，以求现代教育的芳泽施与己身。或许我们的学识尚不足以洞悉你们文化的核心要义，但至少我们有好学之心。我的一些同胞，全盘接受了你们的习俗和礼仪，以为穿上硬领衬衫，戴上高筒礼帽便融进了西方文明。此等姿态可悲亦可叹，因为这表明我们甘愿卑躬屈膝以接近西方文明。遗憾的是，西方人的态度却不利于了解东方。基督教传教士们只愿意赐予我们福音，却不愿入乡随俗。你们对我们的了解，不是通过旅人的道听途说，就是基于对我们浩繁文化的拙劣翻译，罕见像小泉八云（Lafcadio Hearn）[1]那样饱含情感的秉笔直书者，也难有如《印度生活的构造》[2]的作者那样，以笔为炬，驱除东方的黑暗。

如此直言不讳也许暴露出我对茶道的无知。只说符合他人期望的言语，正是茶道高雅精神之所在。然我本非高雅茶人，新旧两个世界间的误解已然造成太多伤害，一个为弭除两者隔阂而贡献绵薄之力的人是没有必要去辩解什么的。对东方问题的轻蔑和无视给人类带来的后果何等惨重！西方帝国主义荒唐地叫嚣"黄祸"而不以为耻，岂不知亚洲终究也会认识到"白祸"的残酷。西方诸君也许会哂笑我们"茶气过盛"，难道我们就不会认为诸君"无有茶气"吗？

① Lafcadio Hearn（1850—1904 年），拉夫卡迪奥·赫恩，1850 年出生于希腊，1890 年移居日本，并改名小泉八云（KOIZUMI YAKUMO），著有《心》《怪谈》《日本的精神》等书，为日本现代怪谈文学鼻祖。
② 《印度生活的构造》（*The Web of Indian Life*），作者为 Sister Nivedita，英国人，她是印度思想家威埃卡南达的学生，后半生都在印度修行，致力于印度的独立运动。冈仓天心于 1901 年访问印度时与之相识。

让我们停止东西两个大陆间的互相攻讦吧，即使各自的利益得不到满足，也应该心平气和。两者的发展道路殊异，但并不意味着不能彼此增益。诸君不见，你们以失却内心的平和为代价取得了急遽扩张，而我们虽无力抵御侵略，却创造出了融洽与和谐。诸君相信吗，在某些方面东方确有优于西方之处！

日式茶杯

不可思议的是，东、西方的迥异人性会在茶碗中汇合交融。在亚洲的各种礼仪中，茶是唯一受到普世尊敬的。西方人嘲笑我们的宗教信仰和伦理，却不假思索地接受了这种褐色饮品。下午茶已是当下西方重要的社会活动。在杯壶与茶托的优雅碰撞声中，在女主人殷勤奉茶的衣袖窸窣声中，在加奶还是加糖的惯例问答中，我们已经毋庸置疑地确立起对茶的崇拜。煎茶时，与会宾客心平气静地等待着，将前方或苦或甘的命运交给未知其味的茶水，此情此景，可见东方精神的至高无上。

欧洲关于茶最早的记载，据说出自一位阿拉伯旅行家的叙述。他曾提到在公元 879 年时，中国广东一带的主要税收来自茶和盐。马可·波罗的游记中也记载到，1285 年有一位中国财政官员因擅自提高茶税而被罢免。一直到地理大发现时代，欧洲人才开始逐渐深入地了解远东。16 世纪末的荷兰人曾介绍说，东方人饮用一种用灌木叶子制成的饮料。此外，旅行家乔瓦尼·巴蒂斯塔·拉姆锡（Giovanni Batista Ramusio）在 1559 年、阿尔梅达（L.Almeida）在 1576 年、马菲诺（Maffeno）在 1588 年、塔莱拉（Tareira）在 1610 年，都在各自的记述中提到了茶。还是在 1610 年，荷兰东印度公司首次把茶运到欧洲；1636 年，茶叶进入法国；1638 年，俄国出现茶的行迹；1650 年，英国也迎来了茶，并称茶是"被所有医生认可的中国卓绝饮品，中国人称之为茶，其他国家则称之为 Tay，也就是 Tea"。

《茶》，英国风俗画家乔治·邓禄·普莱斯利所画，反映了 18 世纪初英国上流社会已开始形成饮茶的习惯。

《茶会》，比利时画家乔治·克罗加尔特笔下的品茶油画。

同世上所有的美好事物一样，茶的普及并非一帆风顺。比如，1678 年，亨利·萨维尔（Henry Saville）就认为饮茶是一种肮脏的习俗。乔纳·汉威（Jonas Hanway）更是在 1756 年的《茶说》一文中抨击道："饮茶有损男人的仪表风度，也对女子的魅力有害。"最初，茶所费不菲（一磅 15 到 16 先令），平民百姓无福消受，因而"只是欧洲王室御用的奢侈品，或王侯贵族相互之间的赠礼"。尽管如此，饮茶之风仍然迅速流行起来。18 世纪上半叶，伦敦的咖啡馆实际上已经成为了茶馆，像艾迪生①和斯蒂尔这般文人雅士常常流连于此。这种饮品很快便成为了生活必需品，于是也进入到英国的征税名单中。说到这里，我们便不由得想到茶在世界近代史上所产生的影响——北美十三个州不堪忍受英国对茶课以重税，遂在波士顿把成箱的茶叶倾入大海，美国独立战争由此爆发。

茶的滋味有种微妙的魅力，令人难以抗拒，心向往之。西方的茶人们很早便将他们思想的芳香与茶的馥郁合为一体。茶不似葡萄酒那般傲慢自大，也不似咖啡那样顾影自怜，更没有可可那般故作天真。早在 1771 年，《目击者》日刊就如此说道："每天清晨，请留出一个小时享用茶、面包和黄油，这是我对有生活规律的家庭的建议。同时，每天准时送到府上的本报；将是你的最佳茶点。"塞缪尔·约翰逊（Samuel Johnson）②亦将自己描绘成一个"冥顽不化的嗜茶者，二十年来无饭不佐以茶——以茶消磨傍晚，以茶慰藉深夜，以茶迎接黎明！"

---

① 艾迪生（Addison），英国散文家、诗人、剧作家以及政治家，他与好朋友理查德·斯蒂尔一起创办了两份著名的杂志——《闲谈者》（*Tatler*）与《旁观者》（*Spectator*）。
② 塞缪尔·约翰逊(Samuel Johnson，1709—1784 年)，英国文学史上重要的诗人、散文家、传记家，编纂的《词典》对英语的发展作出了重大贡献。

作为一个真正的茶人，查尔斯·兰姆（Charles Lamb）深得茶道三昧，他说："据我所知，行善不欲为人知，却又不经意为人知，其喜乐之甚也。"茶道之美隐而不显，非经发掘无法体会，虽怯于表露，却又满含暗示。茶道是一种冷静而自嘲式的高雅技艺——可以真诚地幽自己一默，而饱含达观的笑意恰恰就是幽默的本质。以此看来，所有真正的幽默作家都可以被称为是富有茶思之人，萨克雷如是，莎士比亚亦如是。那些反对物质主义的颓废派诗人们（这个世界何时不是颓废的呢？）在某种程度上也与茶道精神相通。今天，也许正是在对自身"不完美"的真切领悟中，东西方才能找到共同的安慰。

英式花茶

东京秋叶原的一家小茶铺

采茶

中国的道教认为，在"无始"的太初时代，"心"与"物"进行了殊死的争斗，最终，太阳化身的黄帝战胜了地上的邪神祝融①。祝融无法忍受临死前的巨大痛苦，一头撞上天顶，碧玉般的天顶被震得粉碎②。群星流离失所，月亮也漫无目的地在破碎的夜空中徘徊。失望的黄帝不得不四处寻找补天之人，最后，头生角、尾似龙，身披火焰铠甲的神女③自东海翩然而至。光彩照人的神女用神奇的釜炉炼出五色彩虹④，为中国修补好了苍穹。然而，据说神女补天时遗漏下两条小缝隙，于是产生了爱的阴阳二元性——两个灵魂在虚空中流转，永不停歇，直至融为一体，形成完整的宇宙⑤。我想，每个人都应该用希望与和平，重建出自己的天空。

现代的人道的天空，已被物欲和权力击得粉碎。这个世界在利己和恶俗的阴影中彷徨，以背离良心来获取知识，以假施仁义来牟取私利。东方和西方就像在怒海上翻腾的巨龙，徒劳地想夺回属于自己生命的宝宝。我们需要再有一位女娲降临，来修补这金玉其外的荒芜废墟，我们等待着这一伟大显灵。但与此同时，我们还是来啜一口茶吧，午后的阳光铺洒在竹林，泉水潺潺，松籁之声轻响于茶釜。就让我们痴傻地沉浸于这瞬息的梦幻，流连于这绝美的情景中吧。

---

① 本处的英文版为"Shuhyung"，日文版为"祝融"。祝融为中国神话传说中的火神，曾与水神共工大战。黄帝在传说中战胜的对手为蚩尤，并未与祝融交战过。并且，黄帝在中国古代的五行学说中属土，与太阳无关。此处应为作者的误解。
② 此处同样为作者的误解，将中国神话传说中撞倒不周山的共工误认为是祝融。
③ 此处应为中国神话传说中人首蛇身的女娲，但作者将其形象误解为头生角、尾似龙。
④ 此处为作者误解，传说中女娲补天用的是五色石，而非五色彩虹。
⑤ 本处的英文版为"dualism of love"，日文版为"愛の二元論"，其说法应该来自于道家关于宇宙起源的阴阳二元论，但与爱情并无关系。综上所看，作者对中国文化的认识可谓错漏百出。

東京佐藤茶铺的广告

弊店發賣ノ銘茶ハ全國著名ノ各産地ニ就キ其
品質ヲ檢査シ火入及ヒ貯藏等萬端充分注意ヲ調
進仕候間益御需用御愛顧奉希望候敬白

本舗 望月茶店

電話六三三番

精撰御銘茶
本場改良品
山冨貴

松本六九町
望月茶店

松本望月茶店的广告

大阪岛崎爱香园的御茶铭品录

横浜松屋茶铺的名茶

第二章

茶之诸流派

茶是艺术品，非经大师之手不能达到至味。如画有雅俗（且往往后者居多），茶亦有优劣之分。佳茗制作并无一定之法，烹茶之妙，存乎一心，如画师提香①、雪村②各有妙技，无规可循。茶皆有个性，其所适水质、水温自当有别，烹茶既可遵循世代相传的秘诀，亦有新创的独特技法，其中就蕴含着至美之道。真正之美，必定孕育于自身——如此简单质朴的艺术和人生法则，却长期被世人所漠视，令人心痛。宋朝诗人李仲光③曾叹人生有三大无可奈何之憾事："天下有好弟子为庸师教坏，有好山水为俗子妆点坏，有好茶为凡手焙坏。"④

同艺术一样，茶也有时代和流派之别，其发展大致可分为三个阶段：煎茶、抹茶和泡茶⑤，现在的泡茶属于最后一种。不同的品饮方式反映出各自不同的时代精神，因为生活本身即是一种内心的呈现，无意识的举动更能展露我们内心最深处的思想，孔子曰："人焉廋哉！人焉廋哉！"⑥也许我们并没有任何需要隐藏的伟大之处，因此总在微小之事上尽情展现自我。哲学与

---

① 提香（Tiziano Vecellio，1490—1576 年），西方油画之父，意大利文艺复兴后期威尼斯画派代表画家，有《乌比诺的维纳斯》《圣母升天》《神圣与世俗之爱》等画作传世。
② 雪村周继（1504—1589 年），号中居斋，日本室町时代后期的禅僧画师，代表作有《潇湘八景图》《龙虎屏风图》《竹林七贤屏风图》等。
③ 此据日文本。李仲光，字景温，福建崇安（今武夷山市）人，宋宁宗开禧元年（1205 年）进士。有《肯堂集》，已佚。英文本作"Lichihlai"，疑为明代文学家李日华，而作者误记为宋代。李日华（1565—1635 年），字君实，号竹懒，浙江嘉兴人，万历二十年（1592 年）进士，有《致堂集》四十卷传世。
④ 语出李日华的《紫桃轩杂缀》，作者误认为是李仲光的作品。
⑤ 英文本作"Boiled Tea, Whipped Tea, Steeped Tea"。此处的煎茶与近代日本代表"制茶方法"或"茶叶等级"的"煎茶"不同，实指煮茶或者团茶。
⑥《论语·为政第二》："子曰：'视其所以，观其所由，察其所安，人焉廋哉？人焉廋哉？'"意即：要了解一个人，应看他言行的动机，观察他所走的道路，考察他安心干什么，这样，这个人怎么可能隐藏得了呢？

诗歌固然是民族精神的至高表现，但日常琐事也堪为民族精神之注脚。如对葡萄酒品种的不同喜好，就凸显出欧洲不同时期、不同民族的性格。同样，对茶的不同理念表征着东方文化各个时期特殊的情调。煎煮的团茶、搅拌的抹茶、沏泡的叶茶分别代表了唐、宋、明各个时期人们的心境。在此权且借用一下那被用滥的艺术分类，将其命名为古典之茶、浪漫之茶、自然之茶。

原产于中国南方的茶树，其特性很早就被中国的植物学和医学书籍所记载。在古籍中，茶以"茶""槚""蔎""茗""荈"等各种名目出现，一般认为其有解乏、提神、强心、明目等功效。当时茶不仅用于内服，还用于外敷——将其炼成糊膏以治疗风湿病。道士将茶作为炼制不死仙丹的重要材料，僧人则用茶水来驱赶打坐时的困意。

公元4到5世纪，茶作为饮品已经深受长江流域居民的喜爱，与此同时，"茶"这个字开始定型并沿用至今。显然，茶是由"荼"这个字转化而来。南朝诗人赞颂茶为"玉液之沫"，当时的帝王也常以精致茗茶赏赐功臣。不过，彼时的饮茶方法还相当原始——将茶叶蒸熟后用臼盛研碾成团，和以米、姜、盐、橘皮、香料、牛乳等一起煮，有时甚至会加些葱，做成团饼。这种制茶法现今仍在藏族和部分蒙古族中流行，他们用上述材料制成一种奇妙的茶汤。俄国人从中国商人那里学会了饮茶，而他们在茶中加入柠檬片的做法可以说是这种古老饮茶方式的延续。

盛唐的宏大气象将茶从粗糙的原始状态中解放出来，引领它进入精神领域。8世纪中叶，茶道的鼻祖陆羽出现。生于儒释道互融共生的时代，在泛神论的象征主义影响下，一沙一世界的哲悟启迪了人们的心智，陆羽也以诗人般的敏锐眼光在茶事中感悟到存在于世间万物的和谐与秩序。在有名的《茶经》（茶之圣典）中，陆羽创立了茶道，由此陆羽也被中国茶商奉为"茶圣"。

《陆羽烹茶图》　赵原（元）

《茶经》共三卷十章。首章述茶之起源和植物特性，次章述采茶工具，第三章写制茶之法。依其说，好茶应"如胡人靴者蹙缩然，犎牛臆者廉襜然，浮云出山者轮囷然，轻飚拂水者涵澹然……又如新治地者，遇暴雨流潦之所经。"

　　第四章详述二十四种茶具的形制和功用，自铜风炉始，至收纳所有茶具的都篮终。从《茶经》中可以看出陆羽对道家象征主义的偏爱，也看到了茶对中国制陶术的影响。众所周知，中国的瓷器制造起源于对美玉光泽的模仿和复制，至唐代终于形成了南方的青瓷和北方的白瓷[①]。青色的茶碗可增添茶汤的绿色，故陆羽以青色茶碗为最优。相反，白瓷碗则会使茶汤呈淡红色，倒人胃口。不过，这种现象是由于当时饮用的是煎煮的团茶的缘故。之后的宋人多用茶粉，便偏好深蓝或深褐色的厚重茶碗了[②]。到了明代，泡茶兴起，随之喜用轻盈的白瓷。

[①] 此为作者的误解。中国瓷器的起源和发展是否为模仿和复制美玉色泽，未见有此说法。另，现代研究普遍认为，青瓷烧制技术成熟于东汉时期，而白瓷在隋代也已成熟。
[②] 见《大观茶论》："盏色贵青黑，玉毫条达者为上……"

第五章讲烹茶之法。除盐以外，陆羽主张舍弃古法中加入茶水的其他添加物。并且，此章还重点论述了水的选择和温度。陆氏认为烹茶"用山水上，江水中，井水下"。而水的沸腾也分为三个阶段："其沸，如鱼目，微有声，为一沸；缘边如涌泉连珠，为二沸；腾波鼓浪为三沸。"先用火将团茶烤到如婴孩手臂一样柔软，再放于精纸上研碎。待水一沸时加盐，二沸时放茶，三沸时兑入冷水少许，使沸水复静，此时便可将茶倒入茶碗饮用了。这真是天上才有的甘露啊！像碧洗晴空上的卷卷鳞云，而茶汤上的细末，又如水面上的青色浮萍，摇曳生姿。正如唐代诗人卢仝的诗云：

"一碗喉吻润，两碗破孤闷。

三碗搜枯肠，唯有文字五千卷。

四碗发轻汗，平生不平事，尽向毛孔散。

五碗肌骨清，六碗通仙灵。

七碗吃不得也，唯觉两腋习习清风生。

蓬莱山，在何处？

玉川子乘此清风欲归去。"

《煎茶图式》 酒井忠恒

《茶经》的其余章节述民间饮茶之俗、茶人小传、茶叶产地、茶具之变种等。颇为遗憾的是最后一章，即绘茶具于素绢的章节不幸亡佚。

《茶经》的问世在当时影响甚大，以至于引起了代宗皇帝（763—779 年在位）的注意，吸引了众多茶道爱好者追随。据说，当时的品茶高手仅凭味道就能分辨出茶水是否出自陆羽之手。更有甚者，一官员因不识陆氏茶味而被史家记上了一笔。

流行于宋代的抹茶开启了茶的第二个流派。先将茶叶放在小石磨中碾为细粉，再将沸水冲入，继而用精致的竹制茶筅击拂。新的饮用方法使得陆氏的选茶法、制茶法以及茶具形制都显得不合时宜，盐更是永久性地消失了。宋人对茶的喜爱已到了狂热的地步，嗜茶者在冲调方法上争奇斗艳，甚至定期举办茶会一较高下。治国无能的徽宗皇帝（1101—1124 年在位）却是一位伟大的艺术家，他曾不惜重金求购珍贵茶种。在他写的一篇论及茶的二十个方面的文章中[①]，尊"白茶"为茶中最优者。

宋人的茶学思想与唐人不同，在对生命的理解上也与唐人迥异，他们试图将前人象征化的一切予以实现。新儒家[②]认为并非天道需要世间万物反映出来，而是表现世界的一切本就蕴含

[①] 即《大观茶论》，原名《茶论》，因成书于大观年间（1107—1110 年），故名之。全书分地产、天时、采择、蒸压、制造、鉴别、白茶、罗碾、盏、筅、瓶、杓、水、点、味、香、色、藏焙、品名、外焙二十部分。
[②] 此指宋代理学家。

天道。瞬时即为永劫，此生便是涅槃。万物在变、唯变不变的道家思想浸透了宋人的思维，其行为过程更加引人入胜——真正有意义的不是"完成"，而是趋向完成的这个过程。如此，直面自然，物我之间便交融无碍，生活的艺术又增添了新的意义，茶也就不再只是诗意风流，而成为个性的释放。王元之赞颂茶"沃心同直谏，苦口类嘉言"。苏东坡亦赞美好茶如贤人君子，德操俱美。中国南方的禅宗佛教吸收了颇多的道教思想，精心制定出了一套茶道仪轨——僧侣们聚集在菩提达磨祖师的画像前，依循着仪式的规矩，轮流饮同一碗茶。15世纪时，这些禅宗的仪礼发展成为日本的茶道。

《文会图》（局部）　赵佶（北宋）
图画描绘宋代文人会集的盛大场面。此为局部图，表现一旁的侍者温酒煮茶的忙碌场景。

031

不幸的是，勃兴于13世纪的蒙古一举征服了整个中国，在元朝的统治下，宋代辉煌的文化被毁灭殆尽。试图复兴华夏文明的明朝内政混乱，在17世纪中国再度落入异族——满人之手，昔日的风俗和仪礼荡然无存。明代的一位训诂学者在注释宋代典籍时居然对茶筅的形状茫然无知，因为当时的饮茶方法是将茶叶放在碗或杯中用沸水沏之，而流行于宋代的抹茶之法已经失传。西方诸国之所以不知古老的饮茶方式，原因在于他们直到明代末期才与茶有了亲密接触。

　　对于后世（指19世纪末20世纪初）的中国人来说，茶只是一种可口的饮品，与人生理念无关。这个国家长久以来的深重苦难已经夺走了他们探寻生命意义的热情。他们变成了现代人，苍老而世故，那让诗人与古人永葆青春的精气神已如梦幻泡影，崇高的信念也随风而逝。他们奉行中庸之道，坦然接受传统的世界观，却不愿去奋力征服自然或全心崇拜自然。尽管他们杯中的茶依然散发出花一般的芳香，可浪漫的唐宋茶仪却已不见踪影。

《惠山茶会图》　文征明（明）
画面描绘了正德十三年（1518年）清明时节，文征明同好友游览无锡惠山，饮茶赋诗的情景。半山碧松之阳有两人对说，一少年沿山路而下，茅亭中两人围井阑会就，支茶灶于几旁，一童子在煮茶。

亦步亦趋地跟随中华文明脚步的日本，熟知中国茶发展的这三个阶段。公元729年，圣武天皇在奈良王宫赐茶百僧的事就载于史籍。茶叶当是由遣唐使从中国带回，并依当时流行的方法焙制成茶饼。公元801年，最澄禅师①将从中国携来的茶种植于比叡山，其后的几百年间，茶逐渐成为贵族和僧侣所喜爱的饮品，茶园也大量出现。赴中国学习南方禅宗的荣西禅师②在1191年将宋茶引入日本，并在三地栽种成功，其一便是京都附近的宇治，至今这里仍以出产顶级名茶而闻名。随着南宗禅学在日本的迅速传播，宋朝的茶仪和茶学理念也风行日本各地。15世纪，在将军足利义政③的大力提倡下，日本茶道脱离佛教，正式确立了专属世俗风情的一套仪礼，至此日本茶道正式问世。之后中国出现的煎茶，我们也是在17世纪才有所了解。如今，虽然在日常生活中煎茶已经取代了抹茶，但后者仍旧是代表日本文化的茶中之茶。

---

① 最澄禅师（767—822年），俗姓三津首，幼名广野，传为汉献帝后裔，创立日本天台宗。
② 荣西禅师（1141—1215年），俗姓贺阳，字明庵，号叶上房，日本临济宗初祖。
③ 足利义政（1436—1490年），法名慈照院喜山道庆，室町幕府第八代征夷大将军。

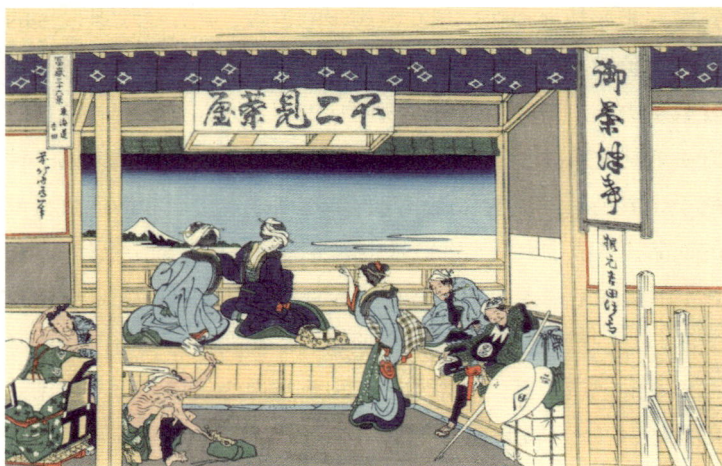

《富岳三十六景·东海道吉田图》 葛饰北斋
东海道的吉田是现在的丰桥，从那里的不二见茶屋可以眺望到远处的富士山。

《富岳三十六景·骏州片仓茶园图》 葛饰北斋
擅长人物画的葛饰北斋，描绘了茶园中劳动的茶农，画面富有临场感。远处的富士山似乎默默守护着这些辛勤劳作的百姓，整幅作品传达出属于葛饰北斋的温暖感。

日本的茶道仪式将茶的理念发展到极致。1281 年，日本成功抵御了蒙古的进犯，从而使中国由于游牧民族的入侵而不幸中断的宋代文化在日本得以延续。对我们而言，茶已然超出了饮品的概念，体现出形而上的精神内涵，进而成为一种生活艺术的信仰。茶，是一种对纯粹和优雅的崇拜，是由主客协力创造世间无上幸福的神圣仪式。在寂寞的人生荒野中，茶室犹如一片绿洲，让疲倦的人生旅人在此相聚，共饮艺术鉴赏的甘泉。茶仪是以茶、花、画交织而成的即兴剧目。不能有杂色影响茶室的色彩基调，不能有噪声扰乱事物的律动，不能有多余的动作妨碍感官的和谐，不能有冗言破坏物我合一……一举一动务必单纯而自然——这就是茶仪的目的。不可思议的是，通常情况下这些目的都会实现。这一切的背后潜隐着微妙的哲理。

茶道就是道家思想的化身。

《卖茶翁茶器图》　　木村孔阳等著

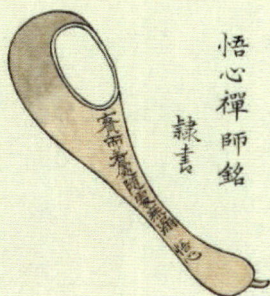

瓢杓

悟心禪師銘
隸書

両品共
蕉蔭堂藏

《卖茶翁茶器图》　木村孔阳等著

037

《卖茶翁茶器图》　木村孔阳等著

《卖茶翁茶器图》 木村孔阳等著

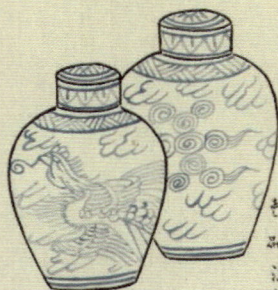

《卖茶翁茶器图》　木村孔阳等著

第三章

道家与禅宗

① 全书中作者均未区分道教（宗教上的）和道家（哲学上的），本译文视前后语境而分别译之。

茶与禅的关系已为世人所周知。前已述及茶道是由禅宗仪轨发展而来，其实道家始祖老子的名字也与茶的沿革有密切关系。中国记载风俗习惯起源的蒙书中说，以茶待客的习俗始于老子的高弟关尹①。在老子西出函谷关时，关尹向这位"老哲人"奉上了一碗金色的仙药。我们无须去探究这则故事的真伪，尽管诠议早期道家饮茶目的颇有价值，但我们更感兴趣的是那些与道家、与禅宗渊源颇深，并蕴含于日本茶道的生命理念和艺术观。

颇为遗憾的是，目前尚无一种外语可以无误地表达出道家和禅宗的教义，即使我们多次进行过有益的尝试。

翻译通常是对原著的曲解，就如一位明代作家所言："翻也者，如翻锦绮，背面俱花，但其花有左右不同耳。"②然而，真正的教理从来都是精妙绝伦，难以阐与人知。古之圣贤，其教诲皆无系统，其结论亦莫衷一是，唯恐只触及半面的真理。与圣贤对话，一开始还以为他们愚痴，最后才发现自己长了见识。老子就以其奇警的言语道："下士闻道，大笑之。弗笑，不足以为道。"③

---

① 关尹，即关令尹喜，周敬王时曾任函谷关令，遇老子，得授《道德经》，道教奉其为神仙。
② 语出宋代僧人释赞宁《宋高僧传》卷三，作者误认为释赞宁是明代人。本句意为，翻译是一种艺术，它将语言的形式加以改变，而内容不变。
③《老子·第四十一》。

"道"，仅看字面意思为"路径"，也可以译为"道路"（way）、"绝对"（absolute）、"法则"（law）、"自然"（nature）、"至理"（supreme reason）、"模式"（mode）等。这些译法并无谬误，因为根据阐释问题主旨的不同，道家会赋予"道"不同的含义。对"道"，老子也有阐释："有物混成，先天地生。寂兮寥兮，独立而不改，周行而不殆，可以为天下母。吾不知其名，强字之曰道，强为之名曰大。大曰逝，逝曰远，远曰返。"[1]在这里，"道"与其说是"路径"，不如说是"通路"（passage）。它是宇宙变化的精神——生生不息，循环往复。"道"就像道家所崇敬的龙一样伸缩自如，又如浮云般卷舒不定。"道"，可以说是万物变化的过程，主观而言，"道"就是万物之本质，它的绝对即是相对。

　　必须注意的是，道家与"禅"一样，代表的是中国南方士大夫阶层的个人主义倾向，这与以儒家为代表的中国北方的集团主义[2]有着本质的不同。广袤堪比欧洲的中国，被横贯其中的两大水系分成了特质迥异的南北两方。长江与黄河就犹如欧洲的地中海与波罗的海，即使几百年的大一统，也无法消除中国古代南北方在思想观念上的差异——就如拉丁民族与条顿民族[3]之不同。古代的交通远不如现今发达，特别是封建时代，思想上的差异更为显著。一方滋生艺术和诗歌的土壤与另一方完全

---

①《老子·第二十五》。

② 为让西方读者更容易认识和理解东方文化，当时不少作者只能将西方哲学思想的一些特有名词套用在东方文化上，这些都未必准确和贴切，读者不可不察。

③条顿是古代日耳曼人的一支，公元前4世纪时大致分布在易北河下游的沿海地带，后来逐步和日耳曼其他部落融合。后常以条顿人泛指日耳曼人及其后裔，或是以此来代指德国人。

不同，在老子和他的追随者，以及长江流域崇尚自然的浪漫主义先驱屈原身上，我们可以发现他们的理想主义精神与同时代北方哲人注重伦理与现实的实用主义泾渭分明。顺便提一下，老子生活的时代是在公元前 5 世纪。

　　道家思想的萌芽很可能在老子之前就产生了。从中国古代的文献，特别是《易经》中便可看到老子思想的滥觞。然而，以公元前 12 世纪建立的周朝为发展顶峰的中国三代（夏商周）古文化，崇尚承袭传统，恪守礼法，长期压制个人主义思想，直至东周礼崩乐坏，诸侯纷立，自由的思想才在沃土中开花结果。老子和庄子均是中国南方人，均是新学说的伟大倡导者。另一方面，孔子及其门人弟子则致力于维护祖宗礼法。不知晓儒家学说就无法真正理解道家学说，反之亦然。

　　道家的"绝对"即是"相对"，在伦理道德上，道家对礼法和道德规范嗤之以鼻，因为在他们看来，善恶对错都是相对的概念。赋予它们定义的同时便有了限制，"固定"和"恒常"意味着不再发生变化。屈原说："圣人不凝滞于物，而能与世推移。"①道德规范的产生来自于以往社会的需要，然而，社会难道一直保持不变吗？遵循共同的社会传统就意味着个人要为国家不断地作出牺牲，而且，为了持续欺瞒民众，国家便鼓励"无

---

①《渔父》。

知"教育——不让民众拥有真正的德行，只是教他们在行止上合乎体统。我们因自我意识太强反而成为不道德者，我们从来不肯原谅他人，因为我们自己本身就有罪。我们之所以保有良心，在于从不敢向别人吐露实情；我们之所以保有自尊，在于从不敢直面自己的真实。假如这个世界如此这般的荒谬，又怎能让人严肃对待？举世所见的都是物物交换的魂灵。什么仁义！什么贞洁！君不见志得意满的商贾正在兜售真与善，甚至连崇高的信仰都可以明码实价。而这所谓的信仰只不过是用鲜花和音乐装点的世俗道德，除去宗教场所这些附属物，还能剩下些什么呢？然而这些宗教"托拉斯"的繁盛令人震惊，因其代价低廉——只须祈祷便可拿到通往天堂的门票、良人的一纸证明。还是速速隐藏你的锋芒吧，一旦你的才能为世人所知，那么马上就会被公开拍卖，价高者得。为什么世间男女都热衷标榜自己，这难道是源于奴隶时代的本能吗？

　　道家思想的雄浑力量冲破了同时代其他学说的藩篱，并主导支配了后世一系列的运动。开创大一统王朝的大秦，其"秦"这个字正是"中国"一词的由来①。秦之一朝，道家亦颇为活跃——若有余裕仔细研究一下道家对当时的思想家、数术家、法家、兵家、阴阳家、炼金术士以及之后长江流域山水自然诗人的影响，当是一件很有趣味的事情。当然，我们不应忽视那些论辩"白

---

① 日本称中国为"支那（Sina/Shina）"，最初并无贬义，甚至是尊称。"支那"和葡萄牙语、德语、英语中的 China 以及法语中的 Chine、意大利语的 Cina 等，与梵语的"Ci^na/stha^na"有着渊源关系，均源于他者对"秦（Chin）"的音译，"秦（Chin）"后面加一个表示尊贵的 -a，用以表示地域。所以 China 的本义就是一个叫"秦"的广大区域。

马非马"和"离坚白"①的名家，也不应忘了六朝名士，他们如禅门弟子一般沉迷于"纯粹"而"抽象"的玄谈。特别是，我们要向道家致以敬意——后者对中国国民性中"温其如玉"②般的谨慎风雅特质的形成起到不可磨灭的作用。在中国的历史上，有许多信奉道教的王侯和隐士，依循道教信条，过着多姿多彩的生活，产生了诸多有趣的故事，其中有轶闻、寓言，也有警句。我们非常乐意跟那位据说说话趣味盎然，既无所谓生、也无所谓死的皇帝促膝长谈；我们也可以同列子一起御风而行③，去感受那绝对的寂静无为，原来我们就是那缕清风。或者，我们可以与河上公④一起浮于虚空，既不属于天，也不属于地。即使现今中国的道教已非原本的面目，有的甚至荒诞不经，但其迷人的想象，仍是其他宗教无法比拟的。

---

①离坚白，中国先秦名家公孙龙的著名论点之一。公孙龙认为，一块坚硬的白石，用眼看不会看出它是否坚硬，只能看到它是白色的，用手摸不能感觉其白色，只能感觉到其坚硬，所以世界上只有白石和坚石，没有坚白石。这是战国名家著名的诡辩论点。
②《诗经·秦风·小戎》："言念君子，温其如玉。"
③ 列子，名列御寇，战国时郑国人，先秦时期的哲学家、思想家、文学家，道家的代表人物。《庄子·逍遥游》："夫列子御风而行，泠然善也，旬有五日而后返。"
④ 河上公，亦称"河上丈人"，汉时齐地方士，黄老哲学的集大成者，道教方仙道的开山祖师。《神仙传》卷三：河上公："抚掌坐跃，冉冉在虚空中，去地数丈"，"上不至天，中不累人，下不居地。"

不过，对亚洲人的生活而言，道家的主要贡献还是在美学领域。中国的历史学家常把道家称为"处世之术"，因为道家关注的是当下，即我们自身。唯有在我们的自身之中，神性与自然才能交融，过去与未来才被隔开。"现在"是运动着的"无穷"，是"相对"自然而成的领域。而"相对"必然寻求"调整"，而"调整"就是"艺术"。人生的艺术就在于随着周遭环境而不断调整。道家对着尘世间的一切都坦然接受，并在烦忧苦闷中试图寻找美之所在，这一点与儒家、与佛家都有所不同。宋代有一则"三人尝醋"①的寓言，生动地说明了儒、释、道三家理念的倾向：孔子、释迦牟尼、老子在一个象征着人生的醋壶前，各自用手指蘸醋品味，注重实际的孔子说醋是酸的，佛陀则说醋是苦的，老子却说醋是甜的。

道家主张，如果世人都能保持物我的和谐，那么人生便能更加喜乐。万物之间保持着均衡状态，在任由他人自在的同时不丧失自己的立场，正是这浮世大剧取得成功的秘诀。②要想扮演好我们自己的角色，就必须对整个剧本有大体的了解才行，考虑个体的同时，也勿失去对整体的观照。老子以他最擅长的隐喻手法，用"无"的概念来阐释这一道理。他认为物真正的本质乃是存在于"无"之中，譬如，房子的真正本质在于屋顶和

---

① "三人尝醋"典故源自宋代画作《三酸图》，画中苏东坡、佛印与黄庭坚三人尝醋，表情迥异。冈仓天心将画中三人误认是孔子、佛陀和老子，实为一种谬误。此画后来被引申为儒家、佛家、道家三种文化的代表。儒家以人生为酸，须以教化自正其形；佛家以人生为苦，一生之中皆是痛楚；道家则以人生为甜，认为人生本质美好，只是世人心智未开，自寻烦恼。
②《老子·六十八章》："善战者不怒，善胜敌者不与，善用人者为之下。是谓不争之德，是谓用人之力，是谓配天古之极。"

茶之十德
一 諸佛加護　二 五臟調和　三 孝養父母
四 煩惱消除　五 壽命長遠　六 睡眠自除
七 息災延命　八 天神隨心　九 諸天守護
十 臨終不亂

古栂尾明惠上人 釜之銘

茶之十德：日本茶道认为的茶之"十德"深受佛道哲学思想的影响。

墙壁所围合起来的空间，而不是屋顶和墙壁本身；水罐真正的本质在于用来盛水的空间，而不是水罐的形制和材料。[1]"虚"无所不包，故无所不能，只有在"无"之中，运动才有可能。唯有自身保持"无"的状态，虚怀若谷，其他事物才能自由地进入这空虚之中。整体永远能够支配部分。

这些道家的思想极大地影响了日本人的行为理论，甚至包括剑道和格斗术。日本独有的格斗术"柔术"，其名来源于《道德经》。柔术奉行后发制人，用虚招诱导敌人，消耗对方气力，保存自己的力量以求在最后的决斗中取得胜利。艺术领域中重要的暗示手法体现的也是同一原理，即以留白给观赏者提供按照其内心所想补完作品的机会。正因如此，一件旷世杰作必有摄人心魄的巨大力量，直至让人感觉自身也成为这件作品的一部分。正是这个"无"让你进入其中，并倾尽自己美好的感情使之充盈。

掌握生命艺术精髓的人便是道家所谓的"真人"。[2]于真人而言，出生即入梦境，至死方领悟梦之真实。他隐姓埋名，收敛锋芒，隐没于尘世。"豫兮若冬涉川，犹兮若畏四邻，俨兮其若客，涣兮若冰之将释，敦兮其若朴，旷兮其若谷，浑兮其若浊。"[3]对他而言，人生三宝就是"慈""俭""不敢为天下先"。

---

[1]《老子·十一章》："埏埴以为器；当其无，有器之用。凿户牖以为室，当其无，有室之用。故有之以为利，无之以为用。"
[2] 日文本作："士"；英文本为："the Real Man of the Taoist"。然道教以"真人"指天尊。后，有一定修为的道士也被称为"真人"。按文意，掌握道之真髓的人或可称为"真人"，今据以译之。
[3]《老子·第十五章》。

《茶器交流图》 笹木芳光
早期日本的饮茶之风盛行于贵族和僧侣之间，从一开始便与宗教有
着难以割舍的关系。

现在若我们把注意力转向禅宗，便会惊讶地发现禅宗强调的正好与道家殊途同归。禅是梵语"Dhyana"的音译，意即"静虑"。禅宗主张通过精进的静虑来达到自性了解的极致，而静虑正是佛陀悟道的六波罗蜜①之一。释迦牟尼在晚年的说法中特别强调了这个方法的重要性，并将其传授给了他的弟子迦叶②。依据禅宗的说法，禅宗初祖迦叶又把此奥义传给了阿难陀③，阿难陀再顺次相传，直至传到第二十八代祖师菩提达摩④。公元6世纪前半叶，菩提达摩从印度来到中国北方，成为中国禅宗始祖。禅宗历代祖师的生平和教义，没有很确实的历史记载。从哲学上看，早期禅宗的理论一方面类似那伽曷树那⑤的否定论⑥，另一方面也与商羯罗阿阇梨所创的"不二论"⑦接近。现今我们所熟知的禅宗教义是中国禅宗南宗（因此派最初盛行于中国南方，故名南宗）的开山祖师六祖慧能（637—713 年）所传下来的。

---

① 波罗蜜为梵语音译，是波罗密多（Paramita）的省称。六波罗蜜即为六种到达彼岸的方法：布施，持戒，忍辱，精进，禅定，智慧。
② 迦叶即摩诃迦叶，意为"饮光"，佛陀十大弟子之一，为禅宗第一代祖师。
③ 阿难陀，意为"欢喜"，佛陀十大弟子之一，系佛陀堂弟，善记忆，被誉为多闻第一。
④ 菩提达摩（？—536 年），通称达摩，南天竺香至王第三子，禅宗第二十八代祖，中国禅宗始祖。
⑤ 那伽曷树那，即龙树菩萨，被称为"第二佛陀"，汉传佛教尊他为"八宗共祖"。
⑥ 日文本原文如此，英文本此处为"Negativism"。作者把龙树的"中观"学说简单认为是否定论显然不妥，但为尊重作者原意，仍译为"否定论"。
⑦商羯罗阿阇梨，印度教吠檀多派哲学家，婆罗门教改革家。其主张的"不二论"认为现实世界皆为幻相而非真实，唯有个人之精神（我），和宇宙之最高原则（梵），方为同一不二之真实存在。

慧能死后不久，马祖大师①继之将禅宗世俗化了．禅宗由此也渗入到了中国人的日常生活中。马祖的弟子百丈②开创了禅宗丛林，并制定了禅林清规。我们发现，在马祖以后的禅林问答中，江南之地的人文精神已经将原有禅宗中源自印度的理想主义色彩，转化为中国本土的思维模式。无论有多么强烈的宗派自豪感，各家教义有多么不同，也不得不承认南宗禅与老子及玄学家的思想确有似曾相识之处。《道德经》中早已提及精神集中的重要性，也述及了适当调节气息的必要，这些也正是坐禅的必要条件。优秀的《道德经》注本，往往也出自禅门学者之手。

同道家一样，禅宗也崇尚"相对性"。有禅师将禅定义为"面南观北斗"的艺术③。只有贯通彼此对立的两极才能体悟真理。在极力主张个性主义这一点上，禅宗与道家仍然别无二致。若不关乎我们的精神活动，世事别无真实。六祖慧能曾见二僧辩论——时有风吹幡动，一僧曰风动，一僧曰幡动。议论不已。慧能进曰："非风动，非幡动，仁者心动。"④百丈和一个弟子在林中散步，一只兔子见二人走近便迅疾跑掉，百丈问弟子："兔子为何要从你身边逃掉？"弟子答道："因为他怕我。"百丈则说："不，是因为你有杀生的本能⑤。"这段对话不禁让人想起《庄子》

① 马祖大师（709—788 年），即马祖道一，禅宗洪州宗祖师，俗姓马，又称洪州道一，谥号大寂禅师。他将"顿悟"付诸实行，取代了看经坐禅的传统，促使禅僧普遍革新禅的观念。
② 百丈，即百丈怀海禅师（719—814 年），唐代禅宗高僧，马祖道一大师法嗣。但大多数人认为禅宗丛林制度是由马祖道一所创，百丈只是清规的制定者。
③ 疑为日本禅师铃木大拙（1870—1966 年）的"东望西山见，面南观北斗。"
④ 出自《瘗发塔记》。
⑤ 此典故不知出于何处，唯一与之相近的是《赵州录》所载赵州禅师（778—897 年）的故事，"师与侍郎游园，见兔走过。侍郎问：'和尚是大善知识，兔见为什么走？'师云：'老僧好杀。'"作者在此有张冠李戴、以讹传讹之嫌。

中的一段：庄子与惠子①游于濠梁之上。庄子曰："鲦鱼出游从容，是鱼之乐也？"惠子曰："子非鱼，安知鱼之乐？"庄子曰："子非我，安知我不知鱼之乐？"②

禅宗思想常常与正统佛教戒律产生冲突，甚至就像道家与儒家的对立一样。对禅宗提倡的先验的顿悟而言，语言和文字反而是一种障碍。佛典即使再权威，也不过是作者个人思考的注释。禅门弟子所追求的是与事物的本质精神作直接的交流，所以，外在的种种附属物都是通往真理的阻碍。正是这种崇尚"玄"的精神，相较于其他佛教流派喜爱工笔彩绘，禅宗更偏好水墨素描。一些禅师致力于从内在的自我、而不是从雕像和符号中寻求佛性的存在，甚至不惜禁止对佛像的崇拜。丹霞和尚③曾在一个寒冷的冬日劈开木制佛像生火取暖，旁人惊恐万分地说道："怎可如此亵渎神明！"丹霞气定神闲地回答："我只是想从中烧出舍利子罢了。"对方驳斥道："木像怎么可能烧出舍利子？"丹霞答道："如果烧不出舍利子，那这物什就根本不是佛，又怎能说我亵渎神明呢？"④说完就转过身继续烤火了。

---

① 即惠施（约前370—前310年），战国时宋人，是名家思想的开山鼻祖和主要代表人物。
② 出自《庄子·秋水》。
③ 丹霞和尚（739—824年），唐代禅僧，法号天然，因曾驻锡南阳丹霞山，故也称丹霞天然。
④ 道原《景德传灯录》第十四回："后于慧林寺遇天大寒。师取木佛焚之。人或讥之。师曰：'吾烧取舍利。'人曰：'木头何有？'师曰：'若尔者，何责我乎？'"普济《五灯会元》卷五："后于慧林寺遇天大寒，取木佛烧火向，院主诃曰：'何得烧我木佛？'师以杖子拨灰曰：'吾烧取舍利。'主曰：'木佛何有舍利？'师曰：'既无舍利，更取两尊烧。'主自后眉须堕落。"

頌曰

似僧非僧

如仙不仙

喫趙州茶

修桑苧禪

小餅一滴

烹坤煎乾

簡中真味

易會難傳

風雲流水

悠然泠然

臨濟宗四十世兼朝川末裔竹翁通仙居士敬寫謹撰

煎茶在日本的流行与生于长崎、法号月海元昭的"卖茶翁"密不可分。他在京都街头挑起茶具担子,燃起茶炉,挂起茶旗,打出招牌,摆上钱筒,卖茶长达 20 年,将唐朝时期的煎茶文化传播到日本平民之中。

禅对东方思想的特殊贡献在于，它使得今生和后世都被同等地重视。禅宗主张，在万物犬牙交错的巨大关系网中，无大小之别，无贵贱之分，即使一个小小的原子也拥有同整个宇宙一样的可能性。追求完美之人须从自己的日常生活中发现那由内在映射出的光芒。禅林的组织体系很好地体现了这一点。除了住持之外，所有的僧人都必须分担全寺上下的杂务，不过让人难以理解的是，新入门的弟子分到的是轻活，而那些德高望重的僧人却从事最底层的工作。每天从事这些劳动是禅修的一部分，每一个琐细的环节都力求尽善尽美。如此一来，在庭院除草、庖厨切菜、烹茶斟茶的过程中，许多重要的禅学论题也就次第展开了。这种于琐碎事物中见伟大禅理的思想，便是茶道精神之所在。道家奠定了这种审美理念的基础，禅学则将其付诸实践。

茶室

在深受石材砖瓦建筑传统熏陶的欧洲建筑师眼里，日本那些以木材和竹子搭建的屋舍，基本谈不上有什么建筑学方面的价值。直到最近，才有一位相当优秀的西方建筑研究者开始承认并赞颂日本寺院的宏大与完美。[①]连日本的那些经典建筑都很难获得承认，我们又怎能希望那些门外汉懂得欣赏茶室那精妙深邃之美，抑或是能够体会到茶室截然不同于西方建筑和装饰之优点所在。

茶室（数寄屋，读作 SUKIYA）其实就是一间小草屋，最初之义即为"喜爱之所"（好き家，SUKIYA）。不同的茶道大师根据自己对茶室的理解，赋予其不同的含义，并对应不同的汉字。故而，茶室也叫"虚空之所"（空き家，SUKIYA）或者"参差之所"（数寄屋，SUKIYA）。由于茶室的材料特性难以持久，且涵濡着诗意般的冲动，所以不啻是间"喜爱之屋"；又由于它仅满足于当下的美感之需，别无其他多余的装饰摆设，所以也是间"空虚之屋"；还由于其表现出对"缺陷"的崇拜，刻意留出一些未竟之处给人以想象的空间，所以也确实是间"不全之屋"。茶道的理念自 16 世纪以来极大地影响了日本的建筑观念，时至今日，日本普通房屋的室内装潢依旧极为简朴，以至于在外国人眼中毫无趣味。

① 指 Ralph N.Cramd 的《日本建筑及其相关艺术印象记》（*Impression of Japanese Architecture and the Allied Arts*，The Baker and Taykr Co.New York，1905）。

藤原惟友所绘的千利休

第一间独立的茶室是由千宗易创建的，这位茶道宗师后来以"利休"之名为世人所熟知。[①]16 世纪的时候，他在太阁秀吉[②]的支持下创立了茶道仪轨，并使之趋于完善。茶室的面积则是由之前 15 世纪茶道大师绍鸥[③]所制定的。早期的茶室只是普通客厅的一部分，由屏风隔出一块地方以供品茶之用。这块被屏风隔离出来的空间就叫作"围所"（茶室，囲い）。至今非独立于整体房屋之外的茶室依旧叫作"围所"。作为独立建筑的茶室（数寄屋），则是由茶室本身[④]、水屋[⑤]、待合[⑥]和露地[⑦]组成。茶室的外观毫不起眼，面积甚至比日本普通房屋还要狭小，但其选用的建筑材料，则在刻意追求简朴之下蕴藏着高贵。不可忽略的是，这些呈现于外的结构有着意义深远的艺术构思，细微之处所花费的心血也许远超那些富丽堂皇的宫殿和寺院。设计一间好的茶室，所需费用要超过一栋普通的宅邸，因为，在茶室建材的挑选和施工技术上，都需要极度的细心和精确。实际上，茶人所雇请的木工都是匠人中技术精湛的佼佼者，出自他们之手的作品，毫不逊色于最出色的漆器匠人。

① 千利休（1522—1591 年），本名田中与四郎，后改名宗易，号抛筌斋，后天皇又赐"利休"之法名。利休有日本茶圣之称，是日本茶道的集大成者，其"和，敬，清，寂"的思想对日本茶道发展影响深远。
② 指丰臣秀吉。太阁是摄政关白让渡职位之后的专有名称，正式名称为"太阁下"，是"殿下"与"阁下"等谓的最高级形式，仅次于代表君主的"陛下"。敬称的场合与"殿下"连用，被称为"太阁殿下"。太阁出家之后称"禅定太阁"或简称"禅阁"。丰臣秀吉让渡关白之位给外甥丰臣秀次之后，被现代人称为"丰太阁"。
③ 即武野绍鸥（1502—1555 年），日本茶道创始人之一，千利休的老师。
④ 茶室的大小只能一次容纳五人，以应和"多于美惠女神，少于缪斯女神"这句话。
⑤ 在茶会开始前清洗和准备茶具的地方。
⑥ 即玄关、门廊，茶道会客人等待空位的场所。
⑦ 即甬道，连接茶室和待合的通道。

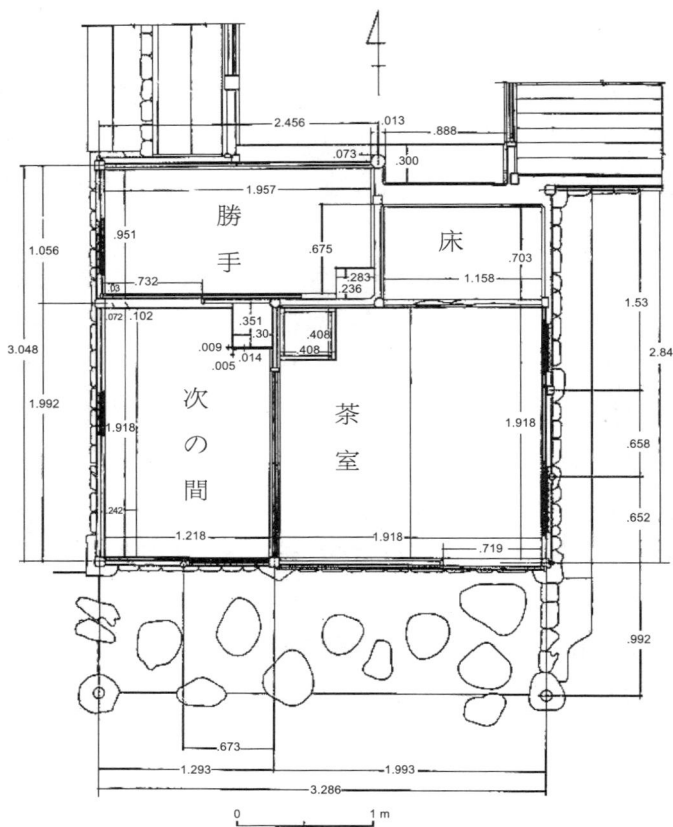

妙喜庵平面结构图

茶室不仅不同于任何西方建筑，即使与日本古典建筑对照也有显著的不同。日本古代的恢宏建筑，无论是否与宗教有关，单就规模而言都不会让人小觑。那些经历了几个世纪并幸免于火灾的建筑，仍以其规模体量之巨大和装饰之华美，让我们心存敬畏。直径两三英尺，高三四十英尺的巨柱，靠着结构复杂、交织错落的斗拱支撑起巨大的房梁，房梁则吱吱作响地承受着砖瓦斜顶的重压。这些建筑材料和建筑方法虽然不利于防火，却有着良好的抗震性，且非常适应日本的气候特点。法隆寺的金堂和药师寺的佛塔均是体现日本木制建筑耐久性的绝佳范例——这些建筑完好矗立了12个世纪。古代寺庙与宫殿的内部装饰极为奢华。建造于10世纪的宇治凤凰堂内里的雕梁画栋，镶有琉璃和云母的精美顶棚与金箔华盖依旧五彩斑斓，那些原本附于墙面的壁画和雕刻，至今还有遗迹残留。年代稍晚一些的日光和京都二条城，有着堪与阿拉伯人或摩尔人艺术相媲美的、最为灿烂华美的建筑艺术，其细节之精巧、色彩之美妙，让人叹为观止。只不过，这种奢华繁复的装饰是以牺牲结构的美感为代价的。

茶室的简朴与纯粹完全是因为模仿禅院。与其他佛教宗派不同，禅宗寺院的唯一用途就是作为僧人的居所。佛堂并不是供人参拜和祈祷的地方，反而更像僧人们冥想和论经的教室。佛堂中除了中央讲坛后面的佛龛外别无他物。佛龛里通常是汉地禅宗开山祖师菩提达摩的雕像，或是释迦牟尼佛及其随侍阿难和迦叶这两位禅宗最早祖师的雕像。佛坛上摆放着鲜花和束香，以纪念上述诸祖对禅门的贡献。前文曾经说过，禅僧们在菩提达摩像前，轮流共饮一碗茶的仪式，成为后来日本茶道艺术的基础。顺便提一下，上述禅堂中的佛龛就是日式房屋中用来放置书画和鲜花，以陶冶宾客的上座（壁龛）的原型。

　　所有的茶道大师都是禅门弟子，并力图将禅的思想渗透到实际生活的每个细节。因此，茶室同其他茶道仪式中的器具一样，遵循并反映出诸多禅宗教义。正统的茶室有四叠半（约 7.29 平方米）榻榻米的大小。这个大小依据的是《维摩诘经》中的一节经文。据那部趣味颇浓的经典记载，维摩诘①就是在一间四叠半大小的房间内迎接文殊菩萨和佛陀的八万四千名弟子的。这部经文的主旨在于阐明在真正觉悟的人眼中万物皆空。另一方面，从待合通向茶室的露地则象征着冥想的第一阶段，即通往自明之路。露地隔断了茶室与外界的联系，有助于使人以清新之感体悟茶室本身的唯美。踏入这常绿树木荫蔽下的庭径，乱中有序的碎石小路上散落着干枯的松针，石灯笼上覆满青苔……客人的内心该有如何的一种超凡脱俗之感，以至于身处闹市，心却远离尘嚣，如置身寂静的林间。茶道大师们在追求静寂纯洁的效果时表现出了他们的智巧之妙。通过露地所唤起的感情性质因茶人的不同设计而有所差异。像利休那样追求全然静寂的茶人便主张露地的修建秘诀在于下面这首古歌：

---

① 维摩诘是梵文 Vimalakīrti 的音译，详称为维摩罗诘，或简称维摩，旧译净名，新译无垢尘，为早期佛教著名居士，在家菩萨。

"四顾海浦，无花无叶，深秋薄暮，独立一舍。"①

　　而其他人如小堀远州②，则追求别样的效果。远州认为庭径应有的理念是下面句子说的那样：

"月夜海光丛林间。"③

　　如今，我们不难理解他想要表达的意义。他希望创造出一种如梦初醒，灵魂尚徘徊于无我境地，沐浴在半梦半醒的微醺灵光中，憧憬着渺茫的自由彼岸的意境。

　　如此，光临这间圣堂的宾客会在默默间心神宁静。如果宾客是位武士，那么他必然会取下佩剑放在屋檐下的架子上，因为茶室是极度和平之所，容不得半点杀气。随后武士要屈膝跪行，通过不到三英尺高的小门。无论宾客身份尊卑贵贱，皆须如此，其意在于教人懂得谦冲之德。众客在待合暂歇之时，便先商定入席的顺序。待主人召唤，来客便顺次入内，静坐在自己的位子上，并向壁龛中的书画和插花行礼致意。直到所有客人全部到齐入座，除了铁壶的水沸声外再也没有其他声响，茶室重归安静之后，主人才会现身。茶会所用的铁壶壶底放置有特殊的铁片，煮水时便会发出美妙而独特的声响，宛如天籁，时如水雾弥漫

---

① 语出藤原定家："見渡せば花も紅葉もなかりけり浦の苫屋の秋の夕暮れ。"藤原定家（1162—1241 年），镰仓前期歌人，《新今古和歌集》歌风形成的主要推动者，著有《近代秀歌》，晚年校订《古今和歌集》《源氏物语》。
② 小堀远州（1579—1637 年），名政一，号宗甫、孤蓬庵，江户幕府第三代将军德川家光的茶道师范，师从古田织部，创立远州流茶道。
③ 出自《茶话指月集》："夕月夜海すこしある木の間かな。"

的瀑布低沉的回声，时如惊涛拍岸碎浪成花，时如风雨入竹林，时如远山响松涛。

即使在白天，茶室的光线也很柔和——茶室斜顶垂檐的设计只允许少量阳光进入室内。从屋顶到地板，所有物件的色调都偏素淡，客人们也要精选服饰，以期与茶室环境相协调。一切事物都要体现出古雅的韵致，凡是新近之物都被禁用，唯有清净无垢的崭新茶筅和麻布茶巾可与之形成新旧对比。茶室和茶具即便显得古旧，也是干净无比，连最阴暗的角落也是一尘不染——若非如此，主人便不能以茶人自居。因为茶人最首要的基本功就是拥有打扫、清理、洗刷等相关知识，并掌握其要领，因为清洁和打扫也是一门艺术。例如，一件金属古玩就不能让性格直率的荷兰主妇粗暴以待，而花瓶溢出的水滴又不需要擦拭掉，因为它使人联想到露珠的清凉与纯净。

京都茶室

关于这一点，利休的一个故事可以表明茶人心目中的清洁观念是什么。一次，利休的儿子绍安在洒水打扫露地时恰巧被利休看到，在绍安扫除完毕后，利休觉得不够干净，吩咐绍安重新打扫一遍。绍安只好又继续打扫了一个小时，然后向利休复命道："父亲大人，实在是没什么可干的了，石径已经冲洗了三次，石灯笼和庭木都洒了水，碧绿的苔藓和地衣看起来洋溢着生机，地上也干净得没有一枝一叶。"利休却责备说："傻孩子，露地可不是这么打扫的。"说完，利休走进庭院，抓着一棵树干摇动了起来，庭院内顿时洒满金色和红色的树叶，仿佛秋天的碎锦缎。由此可见，利休所希求的不仅是清洁，更要兼有美与自然。

"喜好之所"这个名字喻示着茶室是一个满足个人艺术需求的建筑物。茶室是因茶人而建，绝非先有茶室后有茶人。因此，茶室是一个满足当下审美的临时之所，并非为了流芳百世而建。人人都该拥有一间独立房舍的观念，来源于大和民族自古以来的风俗——神道信仰要求在家长仙去之后，剩余的家人应立即搬家。这一习俗是否出于卫生上的一些考虑犹未可知。另外一个古老的风俗是，要给每对新婚夫妇提供新建住房。正是因为这些习俗，古代的王宫才会频繁搬迁。伊势的大庙①每隔二十年就要重建一次，即是这种古老的仪式保留至今的一个例子。而要守护这样的习俗，最重要的一点便是一定得采用日本这种以木结构为基础的建筑式样，非方便拆卸与搭建不可。若当初采用的是砖瓦石材的建筑形式，那么频繁的迁移现象就不会出现。

---

① 即伊势神宫，日本神道教的重要神社，供奉天照大神，位于三重县伊势市。

事实上，自奈良朝日本引入中国更为坚固和巨大的木建筑样式之后，迁移现象就很少发生了。

个人主义色彩浓厚的禅宗思想在 15 世纪占据了主导地位，并通过与茶室的关联，给日本旧有的艺术观念注入了更深邃的意味。禅宗依据佛教有为耘变①的理论以及以心御物的训示，将房屋当成是暂时栖身之所。甚至连我们的身体本身，也不过是荒野中的一座茅屋——一座用四周杂生的荒草扎绑起来的避风港，虽能稍挡雨露，却难以久持，随时都可能回归原本的荒芜。茶室以其茅草屋顶喻示无常，以其纤细支柱喻示脆弱，以其竹撑无力喻示轻微，以其平凡选材显示随意。常住②只存在于精神之中，只会具现于四围单纯简朴的环境之中，并以优雅的微光使其美化。

茶室须依个人特定的趣味建造，体现出一项最重要的艺术原则：只有在真实面对同时代的生活时，艺术才能充分展现其价值。这并不是说要我们无视后代人的感受，而是应当去享受当下；也不是说要忽视过去留下的作品，而是应把它们融会于我们当下的意识。屈从传统和形式只会束缚建筑的个性表达。我们哀叹于现代日本建筑对西方建筑缺乏自省的模仿，同时也惊讶于最先进的西方诸国在建筑方面如此缺乏创造力，以至于全都是对古老样式的重复。也许我们正在经历艺术的民主化时代，却又期待出现一位大师成为艺术新王朝的君主。愿我们敬慕往昔，稍事模仿吧！

---

① 有为耘变，日文佛教用语，指现世一切事物均由某种因缘而暂时产生，并在不停地转变。
② 常住，佛教名词，意谓恒常永住，不会毁灭变异。即，法无生灭变迁为常住。

人所共知，希腊民族的伟大之处正是在于从不仰赖过去。

　　"虚空之所"这样的名词，除了带有道家'空纳万物'的思想外，还关联到茶室装饰须不断变化这一概念。茶室是绝对的"虚空"，其中的摆设只为满足暂时的美感需求。在特定的场合设置特殊的艺术品，其他物品只能选择配合以增益这一主题的美感。就如同人不能同时欣赏两首以上的乐曲，对美的欣赏也只能专注于其中一个主题。因此，日本茶室的装饰方法与西方的装饰体系截然相反——现今西方动辄便将所有厅房都变成了博物馆。日本人早已习惯了装饰的单纯和装饰方法的不断变化，对西方那种塞满了绘画、雕刻、古董的房间反而产生出一种炫富的庸俗印象。但是欣赏一件杰出的艺术品，需要有深厚的鉴赏力。这样看来，西方人都具有无限的艺术鉴赏能力，因为唯有如此才能日复一日地生活在那混杂着各种色彩和形式的房屋中。

日式茶室

"参差之所"表明了茶室装饰的另外一面。西方批评家常常论及日本艺术品欠缺均齐对称之美，但这种参差之感恰是日本禅宗受中国道家思想影响所致。儒家根深蒂固的二元论①和北传佛教②的三尊崇拜③绝不会与均齐对称相抵牾。实际上，如果我们研究一下中国古代的青铜器或是唐代和奈良时期的宗教艺术，就会发现东方艺术同样追求均齐对称，日本古典建筑的室内装饰也不乏规整对称之美。但是，道家和禅宗关于"完美"的观念与西方大相径庭。他们认为追求完美的过程更胜于追求完美本身，真正的美只能通过在精神上完善那些不完美的事物才能寻得，生命和艺术的蓬勃生命力正是源于其具有继续发展的可能性。在茶室中，每位客人都被施与了这种可能性，能够根据自身的喜好，依靠想象力填补出完整的美感。自从禅宗的思维模式成为主流以来，远东的艺术便开始刻意规避以均齐规整来呈现完美和重复。并且，均齐规整被认为会破坏生机勃勃的想象力。因此，相对于人物体态，山水花鸟就成为艺术家们更喜爱的绘画主题。盖因人物体态本是观者自身皆有之事物，而我们往往过于突出自身，甚至会因虚荣心作祟，逐渐趋于单调而让人生厌。

---

① 参考冈仓天心《东洋的理想》一书，此处的"二元论"指的是儒家的阴阳观念和天地观念。
② "北传佛教"盖指经印度西北部和西域诸古国而沿丝绸之路往东传入中国、朝鲜、日本等地的佛教。
③ 西方三尊是阿弥陀佛、观音、势至；药师三尊是药师佛、日光、月光；释迦三尊是释迦佛、文殊、普贤，亦指佛、法、僧三宝。敬拜三尊佛像时，中间一尊，左右各一尊，对称放置。

远野民间故事村茶室

茶室的布置绝对要避免重复。各种装饰物品都要经过精挑细选，保证在色彩和样式上绝对没有重复。如果摆放了鲜花，那么就不要悬挂以鲜花为主题的绘画；如果煮水的铁壶是圆的，那么盛水的器皿就应该使用有棱角的；如果茶碗的材质为黑釉，那么茶罐便不宜再用黑漆。即便是壁龛里的花瓶或香炉，其摆放位置也绝对不能在正中，以免出现空间被二等分。此外，壁龛的支柱所使用的木材种类，也不能与茶室内的其他柱子相同，以避免茶室的氛围单调。

在这里，日本的室内装饰法与西方国家也有不同之处。西方国家的壁炉周围或者其他地方的摆饰均是排列有序、均衡对称的。因而，在西方人的房间里，目光所及之处多是无谓的重复。更有甚者，当我们与主人交谈时，他本人的等身画像却在其身后注视着我们。我们便会分不清究竟谁是真的，是背后的画，还是面前那个正在交谈的人？我们的内心会莫名其妙地认为：其中一个必定是赝品。曾几何时，我们会在饕餮飨宴时陷入沉思，餐厅四壁上那些光彩夺目的绘画反而让人大倒胃口。为什么总是一些以游猎猎物为主题的绘画，以及以鱼和水果为主题的精细雕刻呢？为什么又要特地显摆家传的金银食器，让我们不由自主地去想，是主人哪一位仙去的祖先也曾用过同一食器呢？

茶室的简朴和超凡脱俗使之成为远离外界纷扰的桃源，唯有此处可以让人安宁地沉醉于美的享受中。16 世纪，致力于日

有乐苑如庵

　　如庵是织田信长的弟弟、知名大茶匠织田有乐斋创建的茶室，以精美的设计和独特的世界观被盛赞为名席，1936 年被指定为日本国宝。1972 年，如庵移建至现在的地方，周围有有乐斋建造的被指定为重要文化遗产的旧正传院书院、根据古图复原的元庵等建筑，形成了名为"有乐苑"的庭园。有乐苑的春之樱花和秋之红叶都极美，而茶室如庵也会在春季和秋季对外开放。

本变革和统一的政治家和武士们，在处理繁重政务之余颇为享受
这种可以放开心灵的休憩之地。17 世纪以降，德川幕府推行严
格的形式主义，而茶室又为人们提供了自由分享艺术精神的唯
一机会。在伟大的艺术品面前，大名、武士、平民并无身份差别。
至于当代的工业主义，使得全世界都越来越难以寻求到真正的
风雅高贵。相较之下，我们难道不比以往更需要一间茶室吗？

第五章

艺术鉴赏

诸君可听说过"伯牙驯琴"这个寓有道家思想的故事？

曩昔，在龙门峡谷生长着一棵古桐，乃真正的林木之王。举首可与星辰交谈，其青铜色的根须深入泥土，与地底休眠的银龙的胡须盘结在一起。后来有一天，一位奇能术士斫此木，制成一奇妙之古琴。然而，此琴性情桀骜不驯，非乐圣难以将其驯服。很长一段时间，此琴都被皇帝珍藏起来，一位位琴师名家费尽心力，也无法在琴弦上拨奏出玄妙的乐章。不仅如此，这琴还以轻侮的噪音来回应琴师们的努力，不屑于与琴师们吟唱的曲调应和。

直到有一天，古琴圣手伯牙出现了。只见他轻轻地抚摸琴身，犹如骑士安抚不羁的野马，然后柔和地触碰琴弦，弹奏起自然与四季、高山和流水，终于唤醒了古桐的记忆。和煦甘美的春风再次吹拂在它的枝条之间，青春的奔流欢快地流淌在峡谷中，对着含苞待放的花蕾绽放出笑靥。倏忽之间，虫鸣唧唧，细雨霏霏，杜鹃悲鸣，又是夏日梦幻柔美之声。听！深谷回荡着虎啸，秋夜白月映着剑光，寒霜铺满草叶。冬曲终来，雪空中白鸟盘旋，霰珠顽皮地击打着桐枝。

接着，伯牙变换曲调，弹出情歌款款。森林若陷入深思的恋人一般摇曳生姿，空中洁白的云朵宛若矜持的少女飘然而过，只留下地上长长的阴影，暗如绝望之心。琴声口，曲调再变，

伯牙鼓琴图

战歌响起，刀剑铮鸣，马骑铿锵。于是乎，仅闻琴音竟以为龙门狂风暴雨大作，神龙驾电光飞腾于空，隆隆雷鸣中雪裂山崩。皇帝为之醉心倾倒，便向伯牙询问成功驯琴的秘诀。伯牙道："陛下，他人的失败在于只为自己而歌，而我听凭古琴自由选择，故而连我自己也分不清是伯牙弹琴还是琴弹伯牙了。"①

　　这则故事将艺术鉴赏的奥秘展露无遗。所谓艺术杰作，皆是在我们微妙而敏锐的心琴上演奏出的交响乐。真正的艺术就是伯牙，而我们则是龙门之琴。当美的灵手将我们的心弦拨动，我们的心琴必然苏醒，战动着与之呼应。这是心与心的交流。我们于无言中侧耳倾听，于未见中凝神注视。大师所唤起的曲调纵非我们所知，却让早已尘封的记忆带着全新的意义回到我们心中。被恐惧压垮的希望，没有勇气承认的憧憬，在这一刻，在新的光辉中，再次昂然屹立。我们的心灵其实是画家手里可供上色的画布，变化的色彩便是我们起伏转换的情感，明暗不一的光影便是我们愉悦的光辉和哀愁的阴影。杰作依存于我们，便如同我们依存于杰作。
　　能够与其他心灵交融的同情心，是美术鉴赏所必须的能力，并且根植于互谦互让之精神。观赏者必须培养一种适当的心态去接受作品所要传达的讯息，就如同美术家必须要知道该如何

---

① 这则故事很可能是从枚乘的《七发》中演绎出来的："龙门之桐，高百尺而无枝。中郁结之轮菌，根扶疏以分离。上有千仞之峰，下临百丈之溪。湍流溯波，又澹淡之。其根半死半生。冬则烈风漂霰、飞雪之所激也，夏则雷霆、霹雳之所感也。朝则鹂黄、鸩鸠鸣焉，暮则羁雌、迷鸟宿焉。独鹄晨号乎其上，鹍鸡哀鸣翔乎其下。于是背秋涉冬，使琴挚斫斩以为琴，野茧之丝以为弦，孤子之钩以为隐，九寡之珥以为约。使师堂操《畅》，伯子牙为之歌。歌曰：'麦秀蔪兮雊朝飞，向虚壑兮背槁槐，依绝区兮临回溪。'飞鸟闻之，翕翼而不能去；野兽闻之，垂耳而不能行；蚑、蟜、蝼、蚁闻之，柱喙而不能前。"

《梅下横琴图》　杜堇（明）

传达讯息一样。身为大名①的一代茶道宗师小堀远州给我留下了如下隽语："观画如拜王侯。"如欲真正理解一件杰作，则必须躬身屈膝拜倒在它的面前，屏息倾听它细微的低语。宋代有一位著名的评论家曾有过这样可爱的自白："年少轻狂之时，我颇为赞赏能够画出我所喜爱画作的大师。待我年齿日长，鉴画功力精进以后，我就开始欣赏我自己啦！因为我喜爱的就是大师们想让我喜爱的作品。"可是让人慨叹的是，我们之中并没有多少人愿意苦心孤诣去探究大师们的情感起伏。自身的愚顽无知导致了我们不愿向大师致以微薄的敬意，也因此错失了原本就横列在眼前的艺术美的盛宴。大师们总是能够奉献佳肴，而我们中仍有人饥肠辘辘，这就是自己缺乏鉴赏力，不懂品尝的缘故。

在能与艺术杰作产生共鸣的人眼中，杰作可幻化出栩栩如生的真实，让他产生如灵魂伴侣般的亲密情谊。大师之所以不朽，是因其爱恋与忧惧在我们的内心反复激荡。大师真正吸引我们的，是其精神而非双手，是人性而非技巧。大师们的呼唤越是直指人心，我们在内心的回响便越深沉。正因为我们与大师之

---

① 大名是日本古时封建制度对领主的称呼。由比较大的名主一词转变而来，所谓名主就是某些土地或庄园的领主，土地较多、较大的就是大名主，简称大名。

间有着心灵上的默契，才会与诗歌和小说中的主人公一同欢乐、一同悲伤。有着"日本的莎士比亚"之称的近松①认为："剧作的第一原则就是作者要把观众视为知己。"一次，他的几个弟子请他品评脚本，然而只有其中的一篇作品得到了他的赞赏。这是一部多少有点类似于莎士比亚《错误的喜剧》②的作品——讲述了一对孪生子因为被弄错身份而遭遇的离奇经历。近松说："只有这部戏剧才有喜剧所应具有的精神，因为它考虑到了观众。坐在台下的人必须要比站在舞台上的人知道得多。观众知道差错出现在了哪里，因而才会同情舞台上那些可怜的角色，因为他们对命运一无所知，也不知闪避。"

　　东西方的大师们都不会忘记暗示的价值，并将其作为以观众为知己的重要手段。凝视一部杰作，我们的心中便心潮翻涌，脑中更会浮想联翩，怎能不让人心生敬畏呢？那些杰作是如此之亲切，引发心有灵犀的共鸣，相较之下，现代的作品平庸到只能让人感觉到冷漠无情。前者能让人们心中暖流涌动，而后者只会让人觉得徒具形式。现代人埋头于技巧的追求，难以超脱到达更高的境界。就如那些难以驾驭龙门古琴的乐人，只知吟唱

①即近松门左卫门（1653—1725年）。日本江户时代净琉璃（木偶戏）和歌舞伎剧作家。原名杉森信盛，别号巢林子，近松门左卫门是他的笔名。他出身于落寞的武士家庭，青年时代当过公卿的侍臣，25岁前后开始写作，直到72岁去世为止，共创作净琉璃剧本110余部、歌舞伎剧本28部。其中，年代最早的是1683年写成的净琉璃剧本《世继曾我》。

②即 *The Comedy of Errors*，是莎士比亚早期创作的滑稽喜剧。剧中的主与仆是一对面貌和形体都十分相像的孪生兄弟，在海上遇难失散后，又同在某个异乡城市出现，造成许多误认的可笑情节。剧中还就夫妻关系、亲子之爱、手足之谊进行了一些严肃的讨论。

自己。这种作品也许近乎科学，却远离人性。日本有古谚说：“莫爱只重外表的男人。”意思就是说，这种男人的内心没有一丝空隙可以容纳下爱。艺术同样如此，无论是对艺术家还是公众，虚荣都大大有害于同情心。

对于艺术而言，没有什么比精神上的水乳交融更为神圣的了。在与艺术品相会的那一刻，欣赏者超脱了自身的境界——他本人既存在亦不存在了。他瞥见了灵光一现的“无限”，奈何不能言语的眼睛表达不出内心的喜悦。他的精神从物质的桎梏中解脱，随着万物的律动而起舞。这就是艺术近乎宗教，使人高贵纯洁的原因所在，也正是这些杰作神圣的原因。古代的日本人对伟大艺术家的作品怀有崇高的敬意。茶人们怀着宗教般的虔诚之心护守其秘藏的作品，往往要依次打开几重箱子的封锁才能一窥圣境——那裹藏在丝绢之内的宝物。这样的宝物轻易不向外人展示，唯有特别受邀之人才可有幸一睹。

茶道全盛之时，太阁诸将在战后受赏时宁要珍贵的艺术品也不愿分茅裂土。日本很多广受欢迎的剧作，大多都有宝物失而复得的情节。譬如，在一出戏剧中，细川侯[①]的御殿中藏有一幅雪村所绘的达摩图，颇负盛名。岂料由于守护的侍卫疏忽，御殿失火，侍卫目睹此景决定不惜一切代价抢救这幅名画。可是，待他飞奔进熊熊燃烧的御殿，将画收好，却发现炎炎烈火已将所有出路封阻。彼时，他的心中只有这幅画，于是抽出佩剑剖

① 即细川忠兴，日本安土桃山时代及江户时代的武将，小仓藩的藩祖，利休七哲之一，出家后号三斋宗立。

开自己的身体，撕下衣袖包覆好雪村名作，将其塞进剖开的伤口之中……火势被控制后，余烟犹存的灰烬中，躺着一具已被烧得半焦的尸骸，尸骸中藏着的那幅画却毫发无伤。这个故事让人毛骨悚然，除了表现出侍卫的忠节奉献精神之外，也表明日本人珍视杰作到了何种地步。

　　然而我们须谨记："艺术的价值取决于我们所领受的程度。"也就是说，如果不同种族对艺术的感受力普遍类同，那么艺术将成为普世皆宜的世界语。其实，我们有限的资质以及由传统和习俗所形塑的天性，再加上我们与生俱来的本能，限制了我们的艺术鉴赏能力。从某种意义上说，我们那独一无二的个性限定了我们的理解力。另一方面，在从古至今众多的艺术品中，我们也只愿意选择那些符合自身审美需求的作品去欣赏。的确，修养的积累可以拓展、深化我们的艺术鉴赏能力，即便是对那些闻所未闻的艺术表现方式，我们都能够从中领会到美感。宇宙之大，但我们所见的终究都是我们自身的形象——我们特有的性质决定了我们对事物的感知方式。茶人们，也只是基于各自的鉴赏能力来谨慎地收藏物品。

　　这让人想起了小堀远州的故事。远州的门人曾称赞远州在收集艺术品方面有着绝高的品位，"每一件藏品都令人惊叹不已，这说明先生您比利休的鉴赏力更为高妙——毕竟能欣赏利休藏品者，千人中才会有一人啊。"听闻此言，远州叹息道："这不过是印证了我的凡俗，伟大如利休者，才有勇气去喜爱那些只符合自己审美观的物件，而我却在不知不觉地迎合一般人的趣味。实际上，利休才是千里挑一的宗师啊！"

颇为遗憾的是，现代人对艺术的狂热并非发自于内心真正的情感。在我们这个民本主义的时代，人们崇尚的是，大多数人觉得好才是真的好，而罔顾自身的感受。他们所欲者，乃是高价之物而非高雅之物，是流行之物而非精美之物。对一般民众而言，与其对文艺复兴早期的意大利作品或足利时代①的杰作附庸风雅，还不如咀嚼那些附有插图的刊物——这一工业时代的出色产物，比真正的艺术品更能消化吸收。在他们看来，艺术家的名字远比艺术品本身的价值更为重要。如同数个世纪之前，一位中国批评家所责备的那样："世人皆以耳评画。"正是由于缺乏真正的鉴赏力，如今遍地皆是拟古、仿古之流俗。

另一个常见的错误乃是将艺术和考古相混淆。对古代艺术品心生崇敬本是人间最善的特性之一，我们也愿进一步培养这种特性。古代的大师为后世开启了通往未来的道路，理应得享尊荣。它们经受了几个世纪的检评，沐浴着荣光，毫发无伤地来到我们这个时代，仅此便足以赢得世人的尊敬。不过，若我们仅仅因其年代久远就对大师们的伟业送上赞颂，实在不是一个明智之举，那样无异于将对历史的崇敬情怀凌驾于审美的纯粹鉴赏之上了。只有艺术家安然躺进坟墓，我们才会献上称赞的花束。

---

① 足利时代（1378—1565 年）亦称室町时代，初代将军为足利尊氏。

另外，在进化论盛行的 19 世纪，产生了重视流派而非个人的观念。收藏家们醉心于得到足够多的实物作品，用以补充完整对某一时期，抑或某一流派的收藏，然而却忘记了一件杰作——哪怕只有一件，给予我们的增益也要远超某一时期或某一流派众多的凡俗之作。我们对于分类重视过多，在鉴赏上做得却太少。为了所谓的科学陈列的方法而牺牲审美旨趣，成为大多数博物馆的通病。

在任何形态的生活当中，当代艺术提出的主张都不可等闲视之。今日的艺术才是真正属于我们的艺术，它就是我们自身的映象，我们谩骂它，就是在诋毁我们自己。当今之世无艺术，其谁之过欤？只对古人狂热崇拜，却并不注意自身拥有的可能性，这是我们的耻辱！为之奋斗的现代艺术家们，其疲惫的灵魂仍在世人冷漠轻侮的阴影中逡巡。在这个以自我为中心的世道，我们又给过这些艺术家什么样的鼓舞和激励呢？古人会哀叹今世文化的困弱，后人亦将嘲笑当下艺术的贫瘠。我们正在毁灭艺术，同时也在毁灭生命中的美。真希望有一位奇能术士，能以全社会为树干制成一具大琴，好让天才之手抚弄出天籁之声，激荡起声声回响。

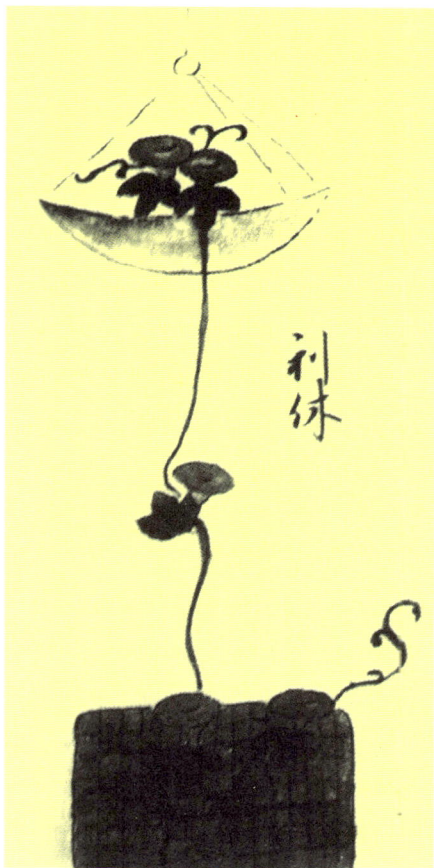

千利休茶画[1]

---

[1] 茶画，是中国文人画的一种，即是在茶席上所绘之画，以淡雅的花木草石为主，体现茶之清雅、飘逸之境界。千利休的这组茶画，体现出了沿袭自中国宋代士大夫的审美情趣以及禅宗的精神，同时也是一系列高超的插花艺术作品。

利休 一本ト菊 伝

千利休茶画

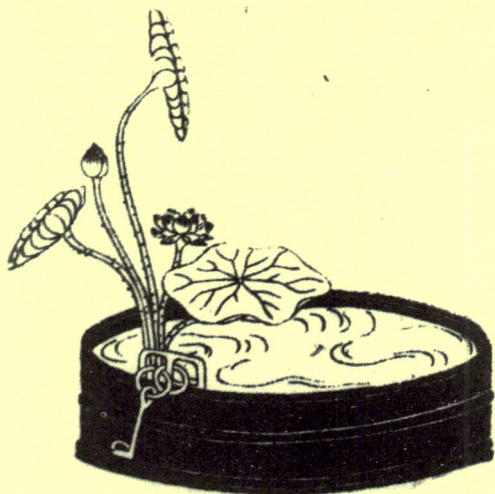

利休

馬盟蓮

組方口傳

千利休茶画

古人圖式

利休水盆落梅

千利休茶画

第六章

花

春日拂晓，曙色微明，鸟儿在林间低语。节律顿挫的鸟语虽不为人所理解，但谁又能说这不是鸟儿在和身边的伴侣谈论花儿的点点滴滴？人们对于花的爱恋想必伴随着爱情诗的诞生而产生。花甘美芬芳，香气致远，宁静安详，甜蜜直抵人心，还有什么比花儿更能让我们联想到少女般圣洁的灵魂呢？原始人第一次向他的恋人献上花环，意味着人类首次超越了内在的欲望。这一超脱于原始自然本能之上的举动使之进而成为人，并且让他意识到无用之物的微妙用途，由此步入了艺术的国度。

不管是欢乐还是悲伤，花儿永远是我们的朋友。花儿伴我们饮食，陪我们歌舞，任我们赏玩。结婚仪式上不能没有它，命名仪式上不能没有它，就连治丧之礼都少不了它。我们随百合礼拜①，共莲花冥想②，与蔷薇③和菊花④一起战斗。我还试着同花儿谈心传情。试想，这世上如果缺少了花，我们将如何生活？没有花儿的世界，单是想一想便让人觉得可怕。病人的床头没有鲜花，何来安慰？对于久病的疲惫灵魂来说，鲜花便是一道祛退幽暗的光芒。花儿带来的温暖，恬静而柔和，使人重拾对宇宙渐失的信心，恰如天真俊俏的婴孩那专注的凝视，可以唤起原本已失的希望一般。甚至，在我们终归尘土之后，也是花儿在我们的墓旁悲伤徘徊。

---

① 在基督教中，百合以高雅纯洁，为圣母玛利亚之代表，梵蒂冈也以其为国花。

② 在佛教中，佛陀之意象与莲花的符号象征密切相关。

③ 蔷薇即玫瑰，此处可能是指发生于 1455 年至 1485 年的英格兰内战，同为金雀花王朝贵族的约克家族（以白玫瑰为家徽）与兰开斯特家族（以红玫瑰为家徽）为争夺王室继承权而进行的战争，史称玫瑰战争。

④ 菊花为日本皇室标识。

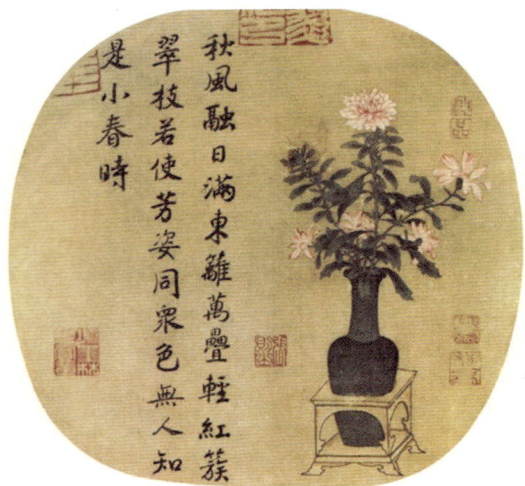

秋風融日滿東籬　萬疊輕紅簇
翠枝　若使芳姿同衆色　無人知
是小春時

《胆瓶花卉图》　姚月华（宋）

然则可悲的是，尽管与花儿友谊日进，可是我们并没有完全摆脱欲望。一旦剥开披在外表的羊皮，内心深处的狼性便会露出利齿。有道是，人十岁为禽兽，二十则发狂，三十则失败，四十则撞骗，五十则为罪犯矣。也许，正是由于人们一直无法摆脱兽性，才最终沦为罪犯。对我们而言，除了饥饿，一切都不真实；除了欲念，一切都不神圣。一座接一座的神殿佛阁在我们眼前次第坍塌，唯有一个祭坛永存，在那里我们焚香祭拜至高之神——也就是我们自身。我们的神何其伟大，金钱即是它的预言者！我们践踏自然以向它献祭；我们自诩征服了物质，却枉顾物质也奴役了我们的事实。在教养和风雅的名义下，我们还有什么残忍之事做不出来？

如明星泪珠一般的温柔花儿啊，请你告诉我，当你伫立庭园，向歌咏着阳光雨露的蜜蜂致意时，可曾意识到在前方不远处等待着你的可怕命运？在夏日的微风中多停留一会儿吧，在充满欢愉的美梦里尽情摇曳吧！因为，明天，一双无情之手就会扼住你的咽喉。你会被折摘，被一瓣一瓣地肢解，最后不得不与你那宁静的家园别离。也许，行凶者也有一副花容月貌，她一边口中赞颂着美丽的花儿，一边却仍让你们的鲜血流淌在她的指间。花儿啊，你们告诉我，她这样做难道就是亲切仁爱吗？被囚禁在某位无情女士的发辫上，抑或插于某位绅士的扣眼中（如果你们是人，它肯定不敢正视你一眼），也许就是你们的命运吧。更或许，你们会被监禁于某个狭窄的容器内，只能吮吸些许浊水，徒劳地想要抑止那预示着死亡到来的干渴。

　　花儿啊，你可知道，若是你生长在天皇的国度，说不定还会在某个时候遇到一个拿着剪刀和小锯的可怕人物——他自称"花道宗师"。他宣称自己拥有医生的权力，故而你会本能地憎恨他，因为医生总是在延长病人的痛苦。他会把你折断、掰弯、扭曲成原本你不可能做到的奇怪姿势，直到把你变成他认为适宜的形态。他会像骨科或者推拿医生一样，扭曲你的肌肉，甚至不惜让你的骨头错位；会用通红的炭来灼烧你，为你止血；会将铁丝插进你的身体，增强你的血液循环。同时他会借助食疗，为你灌下盐、醋和明矾，有时还会有稀硫酸。如果你坚持不住快要昏厥过去时，他会用滚烫的沸水浇在你的脚下。他会自我吹嘘，在这样的治疗之下，你的生命比原来延长了两个星期，甚至更长。可是你不觉得，与其如此苟延残喘，还不如当初在落入他手中的那一刹那就香消玉殒！前世你究竟犯了多大的罪啊，让你在今生遭受这般不堪的惩罚！

　　比起东方的插花大师，西方社会对花儿奢靡无度的浪费更是骇人听闻。为了装饰舞厅与宴会的餐桌，今日采摘下来的花儿，明日便会被丢弃。每天需要的花朵数量不可胜计，若是能连串在一起，说不定可以做成一个围绕整个大陆的花环。相较西方社会对生命莫大的、漫不经心的态度，罪孽深重的东方插花大师简直不值一提。至少，后者还懂得珍惜自然资源，尊重俭朴的自然之道——深思熟虑之后才选择出牺牲者，并对花朵凋落后的遗骸抱有敬意。而在西方，花的展示似乎成为炫耀财富的一种方式——一场稍纵即逝的缤纷幻梦。曲终人散、杯盘狼藉之后，这些花儿的下落究竟如何，没有什么比见到萎谢的花朵被冷漠地弃于粪土更让人痛心了！

花如美人，奈何红颜多薄命！虫豸微躯尚有蜇人之刺，驯化温顺之兽陷入绝境也会奋身一搏，华羽可饰冠帽的鸟儿犹能以双翅逃离猎者魔掌，皮毛为人垂涎的野兽也会在猎者接近时离遁。唉，在花儿的认知里，除了蝴蝶这种有翼的花以外，所有的花在破坏者面前都无能为力。即使她们在垂死的创痛中悲鸣，也难以被我们无情的耳朵所垂怜。我们总是残忍地对待那些默默地爱着我们、默默为我们付出的朋友，终有一天会迫使她们弃我们而去。诸君难道没有注意到，野生花朵正在逐年减少吗？想必花中也有智者，劝诫同伴先远离我们，待人性的光辉重新普照之时再回来。也或许，她们早已移居天上瑶池了。

我们理应赞赏那些养花莳草之人，毕竟他们手上拿的是花盆水壶，远比那些手持刀剪者仁慈。他们为了花儿能有充足的阳光和适度的水量而操心，为了花儿免受虫害而如临大敌，为了花儿不被霜冻侵害而犯愁，因花儿没有萌发嫩芽而焦虑，因叶片泛出光泽而心生欢喜。我们看在眼里，也乐在心里。在东方，花卉培育的艺术源远流长，人们对于花木的痴恋也反映在诗歌和轶事中。中国的唐宋时期，随着制陶工艺的发达，堪为逸品的插花容器便出现了——这哪里只算是普通的花瓶，简直就是供花儿居住的镶珠佩玉、光彩夺目的御殿①。一花一草皆有专使随侍，并用兔毫软刷清洗叶片。有记载说②，牡丹须由盛装的美貌侍女为其沐浴，蜡梅则应由素颜清瘦的修行僧人为其浇灌③。日本足利时代有一部家喻户晓的能乐《钵中木》，讲的是一位落魄贫困的武士在一个寒夜因为没有足够的薪柴取暖以招待一位云游僧人，竟劈了自己心爱的盆栽烧掉。那位云游僧人不是别人，正是有"日本的哈伦·拉希德"④之称的北条时赖⑤。武士的付出自然也得到了回报。时至今日，这出剧目的演出依然赚足了东京观众的眼泪。

---

① 出自袁宏道《瓶史·器具》："尝见江南人家所藏旧觚，青翠入骨，砂斑垤起，可谓之金屋。其次官、哥、象、定等窑，佳瓶皆细媚滋润，皆花神之精舍也。"
② 见《瓶史》，袁宏道著。
③ 语出袁宏道《瓶史·洗浴》："浴梅宜隐士，浴海棠宜韵致客，浴牡丹、芍药宜靓妆妙女，浴榴宜艳色婢，浴木樨宜清慧儿，浴莲宜娇媚妾，浴菊宜好古而奇者，浴蜡梅宜清瘦僧。然寒花性不耐浴，当以轻绡护之。标格既称，神彩自发，花之性命可延，宁独滋其光润也哉。"
④ 哈伦·拉希德（Harun al—Rashid，约764—809年），阿拉伯阿拔斯王朝第五代哈里发，故事集《一千零一夜》的主角。
⑤ 日本镰仓幕府第五代执权，以禅门外护而闻名。相传他终身致力于改善民生，因而有"盆景取暖"等走遍各地体察民情的故事。

柔弱之花在养育上更需要小心呵护。唐玄宗为了花儿免遭飞鸟之害，便下令在御花园的树枝上挂满金铃，以惊走飞鸟。[①]春日里，唐玄宗还会让宫廷乐师随驾出游，以丝竹管弦取悦繁花。日本传说中有"亚瑟王"[②]之称的传奇英雄源义经[③]，曾手书过一个奇妙的高札[④]——至今仍立于某座寺院之口[⑤]，专为保护一株不可思议的梅树而立。高札在描述梅花之美后警告说："断此树一枝者，必断其一指。"这一尚武时代所特有的残酷意趣，引来了不少关注。我想，这一法令在今日也应该继续施行，以惩戒那些摧花折叶或者毁损艺术品的狂徒。

　　可是，即便将花育养在钵瓶中，我们也无法不让人怀疑这依然出自我们的私心。为什么让花儿离开了故土，还要强令她在陌生的环境里绽出芬芳？这和把鸟儿关进樊笼仍强迫它以歌唱求欢又有什么区别！温室中的兰花，谁又知晓她的苦闷呢？温室中的人造热气已足以让兰花窒息，她们只能无望地看一眼那南国的天空。

---

① 王仁裕《开元天宝遗事》："天宝初，宁王日侍，好声乐，风流蕴藉，诸王弗如也。至春时于后园中纫红丝为绳，密缀金铃，系于花梢之上。每有禽鸟翔集，则令园吏制铃索以惊之，盖惜花之故也。诸宫皆效之。"
② 亚瑟王，即亚瑟·潘德拉贡，传说中古不列颠最富有传奇色彩的伟大国王。人们对他的感性认识更多的是来自凯尔特神话传说和中世纪的一些文献，没有人大量涉足过亚瑟王的真实生活。传说他是圆桌骑士的首领，一位近乎神话般的传奇人物。
③ 源义经（1159—1189 年），日本传奇英雄，平安时代末期的名将，源义朝的第九子。幼时其父被平清盛杀害，他出家习武，后与同父异母兄源赖朝（1147—1199 年）一起击败了平家，后因功高盖主逼自杀。
④ 日本古代直至明治初期用于公布法令的布告牌。
⑤ 须磨寺，在神户附近。

理想的爱花之人，应是那些亲赴花的故土拜访的人，像陶渊明一样，在破旧竹篱前与野菊坐谈；或像林和靖①一般，黄昏时分漫步于西湖边的梅林，疏影横斜，暗香浮动，浑然忘我。传言周茂叔②尝眠于小舟之中，以期与水中莲花的梦相交织。同为爱花成痴之人，奈良朝有名的光明皇后③在一首和歌中写道："我若折汝枝，受辱汝之身，只愿芳草立丛间，永供三世之佛陀④。"

然而我们也不必为此过度感伤。我所求者，乃是少做奢侈之事，多存壮大之气魄。老子曰："天地不仁。"⑤弘法大师⑥说："生生生生暗生死，死死死死冥死终。"⑦举目四望，前后左右，上下四方，古往今来，万物崩坏无处不在。变化才是唯一的永恒——为何人只乐生不乐死，不能像迎接生命一样去拥抱死亡呢？生与死，乃是一体之两面，犹如梵天⑧的昼与夜。陈腐者若不崩解，如何又有新生的可能？我们以种种名义来祭拜这位无情的慈悲之神——死神。拜火教徒从火中迎接的是可吞噬一切之神的影

---

① 即林逋（967—1028 年），字君复，宋仁宗赐谥"和靖先生"。林和靖结庐孤山，终身不仕，未娶妻室，与梅花、仙鹤作伴，称"梅妻鹤子"。有咏梅名句"疏影横斜水清浅，暗香浮动月黄昏"。
② 即周敦颐（1017—1073 年），字茂叔，号濂溪，北宋五子之一，程朱理学的代表人物，世称"周子"。
③ 光明皇后（701—760 年），姓藤原氏，为圣武天皇皇后，笃信佛教。
④ 据《后撰集·春下》记载，此和歌实为僧正遍昭所作。作者似有误。
⑤《道德经》第五章："天地不仁，以万物为刍狗。"
⑥ 弘法大师（774—835 年），法名空海，密号遍照金刚，唐密第八代祖师，亦是日本真言宗开山祖师。
⑦ 见弘法大师《秘藏宝钥》。
⑧ 印度教和婆罗门教的创造之神，亦称"造书天""婆罗贺摩天"，与毗湿奴、湿婆并称三主神。

子；时至今日，信奉神道教的日本人仍拜倒在那剑魂①冰雪般的纯洁之下。神秘的火焰焚烧掉我们的缺陷，神圣的利剑斩断了似枷锁般的欲望。在我们自身的死灰中，腾飞起一只蕴含崇高希望的不死鸟——凤凰！挣脱此生烦恼，才能实现人性的高蹈！

如果我们能以新的形式使世人的观念趋于高尚，那么，我们又为何不能去攀折花朵呢？我们所为之事其实只是恳请花与我们一起向美神奉纳。我们把自己奉献给了纯洁与朴素，这样的行为理应得到宽恕。于是乎，茶人们建立了对鲜花的崇拜。

任何知晓日本茶道与花道奥妙之人，必然会注意到茶人与花匠对花都有着宗教般的礼敬。他们不是随意地折取一枝一条，而是按照内心的艺术构思审慎而精心地挑选。他们裁剪下来的枝叶万一超过了需要的限度，必定会为之感到羞愧。顺延着这一思维，他们修整的花总是连枝带叶，因为，他们的目的是呈现出整株植物完整的生命之美。这一点也跟其他许多方面一样，与西方诸国所追求的迥异。西方国家的插花艺术，只能看到孤茎和花朵，就像在花瓶中杂乱摆放的枝干缺少身体一般。

当茶人完成了让他满意的插花作品后，便会将其置于日本茶室中的上座——壁龛之中。为避免破坏插花的美感，其周围一般不会放置任何物品，哪怕挂一幅画都不行，除非看起来能够形成特殊的协调之美。端坐于此的花犹如一位加冕的君王，任何客

---

① 日本神道教有三大神器，即剑（草剃剑）、鉴（八咫镜）、玉（八坂琼曲玉）。所谓剑魂即纯洁、明澄的精神，将外来文化如锻剑般熔于烈焰，而又形成冰雪般肃冷的气质。

日本茶室中的插花

人和弟子进入茶室都必须向其深致一礼，然后才能与主人寒暄。插花大师们的杰作会被人描绘下来予以出版，以教导那些尚未登堂入室的爱好者，以茶道花饰为主题的文献卷帙由此也浩如烟海。花朵萎谢凋零之后，大师们会将她们温婉地托付于流水，抑或郑重地葬之于地下，甚至有些时候，还会为她们立碑纪念。

花道于 15 世纪与茶道同时诞生。在日本的传说中，插花艺术始于佛教徒。他们对一切生灵心怀无限慈悲，将那些被暴风雨吹落的残花一一悉心收集，放置于盛有清水的钵中。据传足利义政时代的大画家和鉴定家相阿弥①是最早的插花六师之一，茶人珠光②即是他的弟子。另外，花道历史上有名的池坊流③（堪比绘画史上的狩野派④）创始人专能⑤也是他的弟子。16 世纪后半叶，利休完善了茶道仪式，插花也随之得到了充分的发展。利休以

---

① 室町后期画家，号松雪斋。能阿弥之孙，艺阿弥之子，与其父祖合称"三阿弥"。诸艺擅长，尤善水墨，其作品受佛教禅宗影响。花道流派中有相阿弥流。

② 即村田珠光（1547—1621 年），奈良称名寺僧人，日本茶道的"开山祖师"。他师从大名鼎鼎的疯僧一休宗纯，创立"禅茶一味"，对后来的千利休等人影响甚大。

③ 池坊流为日本花道代表性流派，被公认为日本插花的本源。遣阿使小野妹子归国后皈依佛门，住在京都六角堂，堂旁有一池，故名"池坊"。池坊流初为礼佛仪式的一部分，规定"立花"这个插花样式的插花准则，即一种直立的正规样式，一般使用窄口高脚瓶或细高花瓶。目前池坊插花的主要有"立花""生花"以及"自由花"三种插花形式。

④ 狩野派是日本著名的宗族画派，其画风是在 15—19 世纪之间发展起来的，长达七代。日本当时的主要画家都来自于这个宗族。该画派主要为将领和武士们服务。狩野派虽在绘画题材和用墨技巧方面继承了中国传统，但在实际表达方式上却完全是日本式的。作风粗犷是其主要的特征，线条的明快与宋代绘画也有明显的区别。狩野派的屏风画更以明暗配合及其单纯的装饰性处理表现突出。狩野派的首倡者为狩野信信，公认的狩野派第一代画家则是狩野信信的儿子狩野正信。

⑤ 疑为池坊专应。池坊专应为日本池坊花道的创立者，所著《池坊专应口传》建立了池坊流的插花原则。

及其后继者，著名的有织田有乐①、古田织布②、光悦③、小堀远州、片桐石州④等人，他们相互吸收，彼此竞争，开创了插花艺术百花齐放的局面。然而我们必须明确的一点是，茶人们把对花的尊崇当成是其美学仪式的一部分，并未发展成为一种独立的信仰。插花作品，与茶室中的其他艺术品一样，都要从属于整体的装饰。故而，石州才规定："若庭中有积雪，则室内装饰不可使用白梅。"太过张扬富丽的花也绝对要摈于茶室之外。茶人的插花作品如若离开了原先设计时的场所，则一切旨趣都会失去，因为插花的线条与比例要与周遭环境相适宜才能生出美感。

单纯因为花卉本身之美而对其崇拜，乃是 17 世纪中叶花道宗匠崭露头角以后的事了。如今，花道跟茶室已完全无关，除了须遵循花瓶的法则外没有任何其他的限制。这也触发了新的插花观念和插花方法，由此发展出不同的插花原则和流派。19 世纪中叶曾有一个文人说，仅他所知的插花流派就有百个以上。大体上讲，插花流派可分为两大派别，即形式派与写实派。

---

① 织田有乐（1547—1622 年），即织田长益，号有乐斋如庵，故后世称之为有乐。有乐为织田家嫡流初代，织田信秀的第十一子，织田信长之弟，江户幕府三万石大名。师从千利休学习茶道，为利休七哲之一，创立了有乐流茶道。
② 即古田重然（1543—1615 年），千利休弟子，先与丰臣秀吉友善，后为德川家茶师，因卷入政治斗争而自杀。古田重然是继千利休之后最优秀的大茶人，忠实继承了利休"与众不同"的精神，与利休的静谧对比，他的风格强调动态、破调的美，自成一派。
③ 即本阿弥光悦（1558—1637 年），号德友斋、大虚庵，日本江户时代初期的书法家、艺术家，书道光悦流的始祖。为著名的"宽永三人"之一，对日本艺术有重大影响。
④ 即片桐贞昌（1605—1673 年），江户初期茶道石州流的祖师，德川幕府第四代将军德川秀纲的茶道师范，他制定了武家茶道的规范《石州三百条》。

形式派以池坊流为魁首，类同于绘画中的狩野派，以古典理想主义为目标。从这一流派的早期大师的记录来看，他们几乎能够将山雪[①]和长信[②]的花卉绘画以实体形式再现。另一方面，写实派如名所示，乃是以自然为模仿对象，只是为了达到艺术美的调和统一，才对表现形式略加修正。这也就是为什么我们会认为此派的作品蕴藏着与创作浮世绘[③]和四条派[④]相同的动机。

若是我们的时间尚有余裕，便可更为详尽地探究这一时期百花齐放的花道大师们制定的插花原则以及细部手法，从而深入了解到主导德川时代装饰艺术的基本原则——这当是颇有趣味之事。我们发现，这些原则论及了主导原理（天）、从属原理（地）、协调原理（人），任何插花作品若是没有体现出这三大原则，便会被指责了无趣味、死气沉沉。同样，花道大师们还详述了插花时必须使花呈现三种不同姿态：正式的、半正式的，以及非正式的。第一种的花要像出席舞会般，身着盛装；第二种的花要像简单优雅的午后闲装；第三种的花则有如难得

① 即狩野山雪（1590—1651 年），号蛇足轩，狩野派画师，有《长恨歌绘卷》《曲水宴图屏风》《老梅图》等代表作。
② 即狩野长信（1636—1713 年），号养朴、古川，狩野尚信之子，狩野探幽之弟，狩野派之集大成者，有《三十六歌仙图画贴》等代表作。
③ 浮世绘，也就是日本的风俗画、版画。它是日本江户时代兴起的一种独具民族特色的艺术奇葩，是典型的花街柳巷艺术。主要描绘人们日常生活、风景和演剧。浮世绘常被认为专指彩色印刷的木版画，但事实上也有手绘的作品。
④ 活跃于江户中期至明治前期绘画流派，以居住在京都四条的松春吴村为始祖，代表画家还有长泽庐雪、松春景文、竹内栖凤等人。

一见的闺房私密装。

仅我个人而言，更倾心于茶人的插花而非花道大师的插花。茶人插花的艺术性在于恰如其分地配置，并以真正贴近生命本质来触动我们的内心。为区别于写实派和形式派，我们将之称为自然派。茶人们认为他们的职责只在于挑选花朵，而花儿自己的故事，则任由它们自己去述说。若是晚冬时节进入茶室，涌入眼帘的当会是纤柔枝条的野樱与含苞待放的山茶在交相辉映。这是冬之将去的回声与春之将来的寓言的绝佳组合。同样，若在酷暑的午后进入茶室，当会在壁龛幽暗的凉意中发现花瓶内置有一株百合，当露珠滴落，似是在哂笑人生的愚妄。

花儿的独奏已是趣味盎然，若是再伴有绘画和雕刻的协奏，无疑会更加引人入胜。石州曾把一些水草放入到水盘中，用以暗示湖沼之中的草木，并在水盘旁的墙上搭配上一幅相阿弥的绘画——野鸭飞天图。另一位茶人绍巴①则曾用一只渔家小屋形状的青铜香炉，配上海边野花以及一首描写海岸孤寂之美的和歌。

---

① 即里村绍巴（1525—1602 年），作者原注为"1525—1600 年"，有误。本姓松井氏，战国时代连歌师，为连歌十名人代表，曾学茶于利休。

绍巴的一位客人在见到这种巧妙搭配后，直言自己感到了一股晚秋之微风拂面而来。

花之物语难以穷尽，我们再讲一则便好。16世纪的时候，牵牛花在日本还是珍稀物种，利休就在庭院遍植牵牛花并精心培育。利休的牵牛花的声名传到了太阁①耳中，太阁自是意欲前往观赏。于是利休便邀请太阁来舍下饮早茶。待到约定之日，太阁按时赴约，然而步入庭院后却并未发现牵牛花的行迹，只看到平整的地面上铺着精美的小石和细砂。这位暴君强压怒气走进茶室，然而茶室中的景象顿时平息了他的怒火：壁龛中一件宋代珍贵的、手工制作的青铜器皿里，疏懒地插着一株牵牛花——她是整个庭园的女王！

从这些例子中，我们可知"花御供"的全部意义，也许，花儿自己也都是知道的。她们绝不似人间的卑怯者，有些花以悲壮之死为荣——比如随风飘落的樱花。无论是谁，当他亲身伫立在吉野或岚山，一睹漫天飞舞的花雪之时，必定会懂得这个道理。在那一瞬间，樱花像宝石镶嵌的云朵在空中盘旋，在水晶般的溪流上飞舞，然后随着欢笑的流水奔向远方，仿佛在说："再见吧，春天，我们正奔向永恒！"

---

① 特指丰臣秀吉。

小原流插花

小原流插花

小原流插花

小原流插花

小原流插花

第七章

茶道大师

在宗教的世界里，"未来"在我们的身后；而在艺术的世界里，"现在"即为永恒。茶道大师一直秉承的观念是，唯有艺术成为生活的一部分，真正的艺术鉴赏才有可能。故而，他们试图将在茶室中秉持的优雅仪轨施行于自己的日常生活：在任何场合，都要保持心如止水、毫无杂念；谨言慎行，绝不破坏氛围的和谐；服装的剪裁与色彩，举止与步态，都透露出个体的艺术特质。凡此种种，切不可等闲视之，因为唯有先让自己成为美好之物，才有资格去追求艺术之美。茶道大师们努力让自己超越艺术家的境界——让自己成为艺术本身，这就是唯美主义的禅意。只要用心去发掘，完美无处不在。正如利休常引用的古歌所言：

"世人只待春花发，吾独爱，山间雪地萌新芽。"①

---

① 藤原家隆所作："花をのみ待つらん人に山里の雪間の草の春を見せばや。"藤原家隆为镰仓时代初期的歌人，歌风简明，富幽寂之趣。

茶道大师对于艺术发展作出的贡献多不胜数。他们完全革新了日本古典建筑及室内装饰，形成了前述"茶室"一章里所描绘的新风格，并影响到 16 世纪之后建造的所有宫殿和寺院。多才多艺的小堀远州留下了天才般的建筑实例：桂离宫[①]、名古屋城[②]、二条城[③]以及孤蓬庵寺院[④]。日本有名的庭园，其设计无一例外皆出于茶人之手。茶道仪式对器皿的要求，极大地唤起了制陶师们的创造灵感。若没有茶道大师们的天才构想，日本的陶器制作水平也绝不可能达到如此卓绝的程度，"远州七窑"[⑤]已在日本陶艺界人所共知。此外，日本的纺织品也多以为其设计色彩和式样的茶道大师命名。实际上，很难找出哪一个艺术门类中没有留下茶人的天才印迹。在绘画、漆器等领域去提及茶人的贡献更是多此一举。日本绘画最为重要的流派之一[⑥]就是由茶道宗师本阿弥光悦开创，他同时也是制陶大师和漆器大师。

[①] 桂离宫，位于京都岚山桂川下游河畔，建于 1620—1624 年，当时称为"桂御所"或"桂山庄"。明治十六年（1883 年）为皇室行宫，改称"桂离宫"。整个建筑追求简朴自然，20 世纪的欧洲现代主义者将其视为日本传统的精华。

[②] 日本的"城"为领主及其武士所居之所。名古屋城的"天守"部分由小堀远州负责，于 1612 年完工。

[③] 二条城又名二条御所，位于日本京都，是幕府将军在京都的行辕，建于 1603 年，是江户幕府的权力象征。除了担任"本丸"部分的监工外，二条城的庭园也出自小堀远州之手。

[④] 孤蓬庵为小堀远州的号。孤蓬庵寺院位于京都大德龙光院中，建于 1612 年，为书院茶风格的茶室，其外门前石桥、前庭、露地等部分为小堀远州设计。

[⑤] 即在小堀远州指导下烧制适合茶道艺术的陶器窑口的通称，分别为：远州志户吕、近江膳所、丰前上野、筑前高取、山城朝日、摄津古曾部、大和赤扶。

[⑥] 即宗答光琳派，日本 17—18 世纪的装饰画派，本阿弥光悦为思想奠基者，表屋宗达为开创者，尾形光琳为集大成者。这一画派追求纯日本趣味的装饰美，在日本美术史上占有重要位置，对近现代日本民族审美意识有重大影响。

他的孙子光甫①，以及他外甥的儿子光琳②、乾山③的那些精美作品，尽数笼罩在光悦的杰作的阴影下。整个光琳派其实就是茶道精神的体现，其粗犷的笔触让我们感受到了大自然的蓬勃生机。

与在艺术领域的重大影响相比，茶道大师们对生活艺术的影响更是润物无声。无论是上流社会的礼仪，还是普通家事的细节，到处都可以见到茶道大师的影子。许多精美料理的做法以及配膳方式都出自茶道大师的创意；素色的家居服风格，源于他们的倡导；插花时的正确心态，来自于他们的教诲。他们强调人类与生俱来的简朴，并且给我们展示了谦和之美。实际上，正是在茶道大师的引领下，茶才成为日本国民生活中不可或缺的一部分。

人生犹如充满愚昧苦劳而又波涛不息的大海，若对修身养性之道一无所知的话，再如何追求外在的满足而愉悦也是徒劳，内心必然会被各种苦痛所困扰。我们步履维艰地跋涉在内心安定的道路上，却从地平线上漂浮的一朵云中窥出了暴风雨的前兆，然而，在向着永恒奔去的波涛中依然存在着喜乐与至美。我们为何不与他们求得精神契合，就像列子那样御风而行呢？

---

① 即本阿弥光甫（1601—1682 年），以陶器制作闻名于世。
② 即尾形光琳（1658—1716 年），德川幕府时期的艺术家，为装饰画宗匠光琳派的集大成者，以屏风画、漆工艺和纺织品图案设计驰名。他的画风以日本传统绘画为基调，华丽明快。代表作有《红白梅图屏风》《燕子花图屏风》等。
③ 即尾形乾山（1663—1743 年），尾形光琳之弟，陶艺家。深受野野村仁清彩绘陶艺的影响，注重雅趣，形成风格，备受后人模仿，晚年往江户开设陶窑。绘画学于其兄光琳，书法学于其父宗谦。作品有文人的洒脱和禅意的闲雅。

唯有向美而生之人，方能向美而亡。那些伟大茶道大师的临终时刻，都如其平日一般，充满极致高雅的美感。他们一直在追求与宇宙的自然调和，永远准备着归于未知的冥土。故而，利休的"最后之茶会"以极致的悲剧美而永世流传。

太阁秀吉与利休有着绵久的友谊，这位武人对茶道大师亦极为敬重。然而，伴君如伴虎，在那个背信弃义、礼乐崩坏的时代，人们甚至连至亲都不敢相信。利休并非善于谄媚的佞人，与那位残暴的援助者太阁秀吉起冲突便成为家常便饭。利休之敌便利用他与太阁之间时常出现的嫌隙，告发他意图毒杀这位暴君：利休为太阁秀吉奉上的绿茶之中，有可能放了致命毒药。这话传到了秀吉的耳朵里。不需要任何证据，单是秀吉的疑心便足以定人死罪。在暴君的盛怒和淫威之下，任何辩解和申诉都是苍白无力的。对将死之人唯一的恩典就是：准许他自裁以保留尊严。

在赴死之日，利休准备好茶人生涯的最后一场茶会，请来最重要的弟子。伤心欲绝的弟子们在指定时间聚集在门廊前。当他们向内庭望去，庭径两旁的树木似乎也在悲戚地战抖，沙沙作响的木叶声中，仿佛可以听到无家可归的亡灵在窃窃私语。

灰色的石灯笼像是守卫在冥府门前的威严哨兵。此时，一股珍奇异香从茶室飘出，那是主人在召唤客人们入内了，于是弟子们顺次进入就座。壁龛中的挂轴出自一位古代僧人之手，上书"浮世若梦"寓意万物转瞬即逝。火钵上，烧沸的水奏响茶釜以作哀歌，仿佛蝉因夏日的消逝而悲鸣。须臾，主人进入茶室，顺次为客人们斟茶。客人们依序默默地一饮而尽，最后主人也一饮而尽。按照定式，主客表达了观赏茶器的愿望。利休便将所有茶器以及那幅挂轴置于客人面前。当所有人都对茶器之美予以赞颂后，利休便将茶器一一分予众人，作为纪念。唯独留下了一个茶碗："被我这不幸之人的嘴唇玷污过的茶碗，不应再供世人使用。"

茶会结束，客人们强忍泪水与利休诀别，退出了茶室。只有一名最亲密的弟子受利休所托留了下来，见证这最后的时刻。此时利休脱下了自己的茶会服，小心翼翼地叠好放在榻榻米上，露出里面清净无垢的白袍——那是他赴死的装束。他温和地看着那致命短剑的辉光，吟诵起优雅的诀别之诗：

人生七十载，砥砺复琢磨，擎我三尺刃，佛祖也难挡！[①]

他的脸上带着微笑，归身冥土去了。

① 利休的绝命诗原文为："人生七十力围希咄，吾这宝剑祖佛共杀，堤我得具足の一太刀，今此时ぞ天に抛。"（人生七十载，砥砺复琢磨，擎我三尺刃，佛祖也难挡！青锋原是具足物，我今将之抛与天！）

图书在版编目（CIP）数据

茶之书／（日）冈仓天心著；柴建华译. -- 重庆：重庆大学出版社，2018.1（2022.11重印）
ISBN 978-7-5689-0815-3

Ⅰ.①茶… Ⅱ.①冈… ①柴… Ⅲ.①茶文化—日本
Ⅳ.①TS971.21

中国版本图书馆CIP数据核字（2017）第254483号

茶之书
CHA ZHI SHU

[日] 冈仓天心　著

柴建华　译

责任编辑：王伦航
责任校对：邹　忌
装帧设计：何海林
责任印刷：赵　晟

重庆大学出版社出版发行
出版人　饶帮华
社址　（401331）重庆市沙坪坝区大学城西路21号
电话　（023）88617190 88617185（中小学）
网址　http://www.cqup.com.cn
全国新华书店经销
印刷　重庆华林天美印务有限公司

开本：889mm×1194mm　1/32　印张：4.125　字数：91千
2018年1月第1版　2022年11月第5次印刷
ISBN 978-7-5689-0815-3　定价：28.00元